皮膚ガスのはなし

体臭は
心と体の
メッセージ

関根嘉香［著］

朝倉書店

はじめに

この本は,「皮膚ガス」の観点から体のにおい（体臭）を解説した初めての書籍です。

清潔志向が進む現代では，においに対して敏感な人が増えており，店頭には様々なにおい対策グッズがあふれています。また，スメルハラスメントという言葉があるように，においによって周りの人に不快感を与えることは，嫌がらせの一種と思われるようになってきました。このような時代背景から，周りの人の体臭だけでなく，自分の体臭が気になる人が増えているようです。

においは嗅覚で認知される「感覚刺激」です。体臭が快いか，そうでないかは，そのにおいを感じた人の主観によるところがあります。自分の頭皮のにおいをくさいと感じる人もいれば，そのにおいを嗅ぐと安心できるという人もいます。同じもののにおいを嗅いでも人によって感じ方が違うだけなく，言葉での言い表し方も異なることがあり，体臭を客観的に評価することは容易ではありません。本当はくさくないのに，自分の体臭で周りの人を不快にさせていると思い込んでしまう人もいるようです。

体臭の原因は，体の表面から放散している目に見えない“something”。二十数年前までは，そこまではわかっていても，それが何なのかは謎のままでした。しかし極微量の化学成分を検出する分析技術が進歩し，1990 年代後半から“something”の実態に迫る研究が行われるようになりました。たとえば，蚊に刺されやすい人の皮膚からは何が出ているのか？ 呼気に含まれるガスは皮膚からも出てくるのか？ などがあります。その結果，“something”の正体が「皮膚ガス」であること，皮膚ガスを構成する化学成分の種類や量（組成といいます）は，ヒトの体の状態だけでなく，食事や運動などの生活行為，さらには心の状態など様々な要因と密接に関係することがわかってきました。すなわち，皮膚ガスを調べることによって，体臭の状態やその原因を客観的に把握できれば，適切な対応をとりやすくなります。ときには，自分でさえ気づいていなかった心や体からのメッセージが，皮膚ガスによってわかるようになるかもしれません。

さらに皮膚ガスの「情報」(メッセージ) としての価値にも関心が寄せられるようになりました。たとえば，病気になると体臭が変わると経験的に言われていましたが，その変化は皮膚ガス組成にも表れることがわかってきました。皮膚ガスの採取は，血液検査のように注射針を刺して血液を採取する必要もなく，いつでも・どこでも・誰でも・簡単に行うことができます。また，体表面から得られるので，ウェアラブルデバイスなどの情報通信機器との相性もよいでしょう。皮膚ガスを情報として活用することにより，よりスマートで住みやすい社会が構築できるかもしれません。

本書第1章では，皮膚ガスとは何か，またなぜ注目されているのかを概説しています。第2章では，多くの方が関心をもたれている体臭の原因について，皮膚ガスの視点から解説します。第3章では，皮膚ガスを情報として活用することを目指した研究事例を紹介しています。そして第4章では，皮膚ガス研究によって開かれる新たな可能性について言及しています。皮膚ガスの研究史は，呼気や腸内ガスなどの他の生体ガスに比べて圧倒的に短く，本書は現時点での知見を取りまとめたものに過ぎません。月面に初めて降り立ったニール・アームストロング船長(1930～2012) は「これは一人の人間にとっては小さな一歩だが，人類にとっては偉大な飛躍である」と述べました。本書は皮膚ガス学における小さな一歩ではありますが，多くの読者の快適な暮らしに向けた偉大な飛躍に貢献できれば幸いです。

本書で紹介した研究事例の多くは，多分野の研究者，医師，学生との共同研究の成果であり，また被験者のご協力あってのものです。これまでのご指導・ご協力に心から感謝申し上げます。なお，皮膚ガスの分析技術の確立に関しては，AIREX 株式会社・笈川大介氏 (関根研究室卒業生) によるところが大きく，また表紙の可愛らしい装画や本文中イラストの一部は，柿島百花氏 (関根研究室卒業生) の筆によるものです。特筆して感謝いたします。最後に，企画から刊行までご指導いただいた朝倉書店編集部の皆様に深く感謝いたします。

2024 年 4 月

関根嘉香

目 次

第1章 皮膚ガスは体臭のもと

1.1　においで病気を知る

私たちは，疲労がたまった時，極度に緊張した時，あるいは体調が悪い時などに，自分の体臭の変化に気づくことがある。自分自身ではわからなくても，家族や友人に言われて気づくこともある。「においで病気を知る」という概念は，ヒポクラテス（紀元前460年頃～紀元前370年頃）の時代から存在し，洋の東西を問わず体臭が健康の指標に利用されてきた。ただし，体臭の状態とその変化は，ヒトの嗅覚によって検知されるため，診断者には特別な技能と経験が必要であり，一般的な臨床検査法としては普及してこなかった。しかしながら，この「においで病気を知る」という概念が，二つのアプローチにより，今実現しようとしている（図1.1）。

動物の優れた嗅覚を利用

がん探知犬

線虫がん検査

生体ガスの化学分析を利用

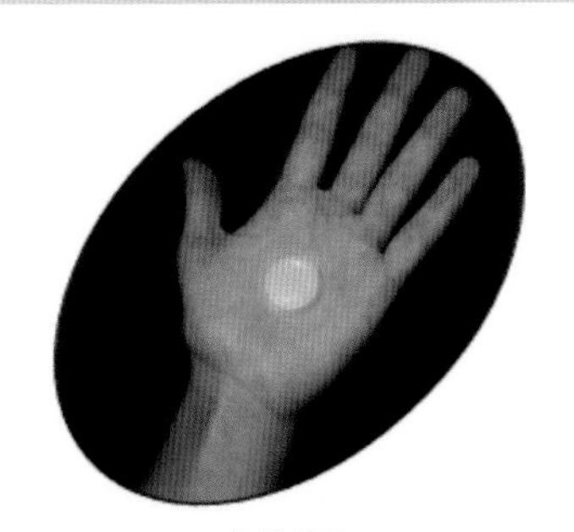

生体ガス
（呼気ガス，腸内ガス，皮膚ガスなど）

図1.1　においで病気を知るための二つのアプローチ

1.1.1 動物の優れた嗅覚

一つは，イヌや線虫などの「優れた嗅覚」を利用するものである。イヌは約1,000種類の嗅覚受容体を有し（ヒトは約350種類），一兆分率（parts per trillion, ppt）レベルの空気中ガスを三次元で感じ取ることができ，イヌの脳内では鮮明かつ繊細ににおい情報が描き出されていると考えられている（Goodavage & Miyashita 2020）。訓練されたイヌは，糖尿病患者の低血糖または高血糖の状態，けいれん発作の前兆，がん患者の血液，尿，汗，呼気などから多くの種類のがんを嗅ぎ分けることができると報告されている。最近でも，イヌの嗅覚を利用して新型コロナウイルス感染症（COVID-19）患者を探知する試みがなされている。線虫（*Caenorhabditis elegans*）は，体長1 mmあまりの非寄生性の生物であり，約1,200種類の嗅覚受容体を有する。近年，線虫ががん患者の尿に集まることが報告され，新たながんの早期診断法として期待されている（Hirotsu 2015）。

1.1.2 生体ガスの化学分析

もう一つは，「生体ガス」の化学分析である。生体ガス[*1)]はヒトの体内や体表面で産生されるガスを指し，肺を介して排気される「呼気ガス」のほか，「腸内ガス」「尿由来ガス」「血液ガス」および体表面から発せられる「皮膚ガス（skin gas）」が挙げられる。医療分野において診断や治療のために用いられる検査を臨床検査といい，大きく生理検査と検体検査に分けられる。生理検査は，直接患者の体に接して行う検査であり，心電図検査，超音波検査，筋電図検査，肺機能検査，脳波検査，聴力検査といった，電気信号，超音波，磁力線などの「物理情報」を観察する方法である。一方，検体検査は，患者から尿，血液，組織などの検体を採取し，それらを化学的，生化学的あるいは形態学的に検査するものである。血液を検体として用い，血中の溶存成分を分析する血液検査は，職域における健康診断にも広く利用されている。しかしながら，患者や被検査者などからの血液採取は医療行為とみなされるため，医療従事者でなければ行うことはできない。また，血液採取は皮膚に針を刺すため身体に対して侵襲的であり，痛みを伴うこと

---

*1)：生命活動により産生するガスをbiogasという。「バイオガス」と訳す場合，嫌気性または好気性細菌による有機物の分解生成物，すなわちメタンや二酸化炭素を指すことが多く，より限定的にはバイオ燃料を意味する。一方，「生体ガス」と呼ぶ場合，ヒトの体内や体表面で産生されるガスを指す。

から，ストレスの多い検査法という側面をもつ。そこで，近年では非侵襲的に採取可能な生体サンプルとして，唾液，毛髪のほかに，生体ガスに注目が集まっている。生体ガスにはヒトの健康状態に関するきわめて多くの「化学情報」が含まれていると考えられており，呼気中アルコールは飲酒検査に，呼気中一酸化窒素は気管支喘息の補助的診断に利用されている（浅見・松永 2019）。

呼気ガスや腸内ガスについては多くの研究例があり，生体ガスに関する理解も進んできた。一方，体臭の原因となる皮膚ガスは極微量であり，かつ体表面という固体から放散されるために捕集が難しく，皮膚ガスを構成する化学物質の種類や量について，その実態は未解明であった。しかしながら，1990年代後半ごろからガスクロマトグラフィー質量分析法（gas chromatography-mass spectrometry, GC-MS）（後述）などを用いた皮膚ガス成分の定性分析が試みられ，2000年代以降からは皮膚ガスの放散量に関する定量的研究もいくつか報告されるようになった。その結果，汗臭（あせしゅう）や皮脂臭など，これまで感覚的に捉えられてきた体臭の原因や対策に対して科学的根拠が与えられるようになり，「体臭理解」につながる知見が次々と明らかとなった。さらに，皮膚ガスの種類・量は，ヒトの身体的・生理的・精神的状態，疾病の有無や状態，生活環境や生活行為と密接に関連することがわかってきた。

1.2 体臭の認知

他者の体臭は気になるのに，自分の体臭にはあまり気づかないのはなぜだろう。実は，ここに皮膚ガスと体臭の関係性がみえてくる。体臭の元になる微量な生体ガスを皮膚ガスという。皮膚ガスは，皮膚の体表面から常に放散されている気体状の物質であり，その発生のプロセスは物理・化学的である。この皮膚ガスが空気中を移流・拡散してヒトの嗅覚へ到達した時に体臭として認知される（**図1.2**）。体臭としての認知のプロセスは生理学的であり，ヒトは同じにおいをずっと嗅いでいると，そのにおいに慣れてしまい，わからなくなる。これを嗅覚順応といい，次にくるにおい刺激に備えるためと考えられている。たとえば，冷蔵庫内に長く保管していた食べ物が腐っていないかを確認する時に，においを嗅いで確認することがある。この時，最も身近にある自分のにおいに慣れておかないと，

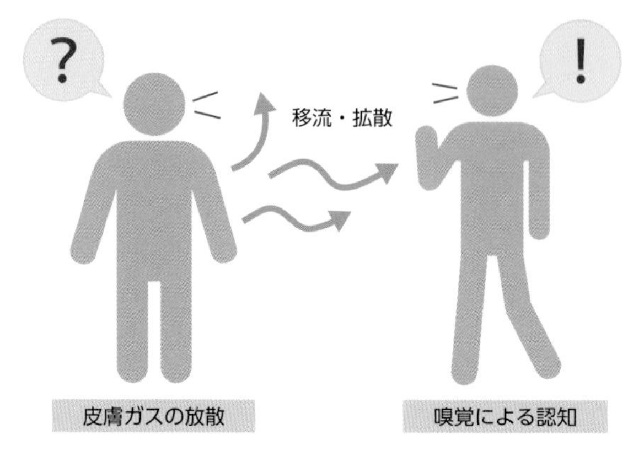

図 1.2　皮膚ガスの放散と嗅覚による認知

食べ物のにおいを判断するのが難しくなってしまう。

一方，空気中を漂ってきた他者の皮膚ガスは新たな刺激として認知されやすい。体臭は皮膚ガス（におい分子）が嗅覚を刺激することによって生じ，ヒトに対して快・不快感を与えることがある。嗅覚は，私たちヒトにとって重要な感覚器官の一つである。哺乳類など両生類以降の脊椎動物は，主嗅覚系と鋤鼻（じょび）嗅覚系の独立した2種類の嗅覚器官をもっている（篠原・西谷 2012）。主嗅覚系ではいわゆる「におい」の識別や認識を行い，鋤鼻嗅覚系ではフェロモンなどの化学交信の役割を担っている。ヒトの場合，鋤鼻嗅覚系に関連する遺伝子は存在するものの，鋤鼻器自体が退化して痕跡的であるため，フェロモンを介したコミュニケーションはなされていないと考えられている。しかし，近年従来の概念にあてはまらない結果がいくつか報告されており，今後の研究課題として興味深い（4.3節参照）。

皮膚ガスは，呼吸に伴い鼻孔，鼻腔に侵入し，主嗅覚系に至る。主嗅覚系において，化学情報である皮膚ガスは電気信号に変換され，嗅覚情報として脳に到達する（**図 1.3**）。ここで電気信号に変換する役割を担うのが嗅細胞である。嗅細胞は嗅上皮に存在する細胞で，両端に突起のようなものが伸びている。一方は嗅繊毛と呼ばれ嗅粘膜内にあり，もう一方は嗅神経であり嗅球内に伸びている。嗅細胞で変換された嗅覚情報は，感情や記憶を司る大脳辺縁系を経由して，大脳皮質の嗅覚野に行き，快・不快感が判断される。目に入った視覚情報は，一旦視床

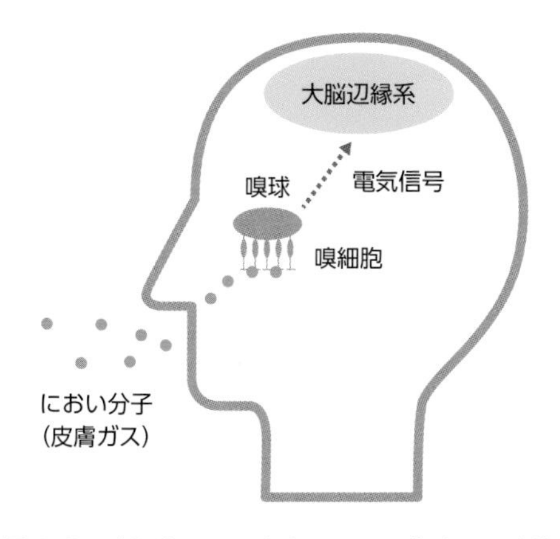

図 1.3 嗅細胞による皮膚ガスから体臭への変換

で仕分けられてから脳に伝えられるが，嗅覚情報は仕分けられることなく大脳辺縁系に送られることから，感情や記憶と結びつきやすい。すなわち，体臭の快・不快感は，感情や記憶に強く影響され，たとえば好きな人のにおいは好ましく感じるようになり，逆に，嫌いだと思った人のにおいは不快に感じるようになってしまうこともある。

嗅細胞には，皮膚ガスなどのにおい分子と結合してその存在を細胞内に伝達する嗅覚受容体が存在する。ヒトには約 350 種類，ネズミや犬には約 1,000 種類，アフリカゾウには約 2,000 種類あるといわれている。ヒトでは 40 万種のにおい分子を感じることができると考えられているが，これは 1 種類のにおい分子に対して複数の嗅覚受容体が活性化し，1 種類の嗅覚受容体が複数のにおい分子と結合することができるためである (Glusman et al. 2001)。また，嗅覚受容体を構成する細胞のにおい分子に対する感度も異なり，濃度によって応答パターンも変化する。**図 1.4** に模式的な例を示す。横軸はにおい分子の濃度，縦軸は嗅覚の応答とする。ある 1 種類のにおい分子が主嗅覚系に到達した時，濃度が低い時は A 細胞のみが反応する。A 細胞のみが反応している時は，におい分子はある特定のにおいを量依存的に与えると考えられる。しかし，におい分子濃度が高くなってくると，B 細胞や C 細胞も反応するようになり，ヒトのにおいの感じ方 (においの質) が変化してくる。このように，1 種類のにおい分子に対する各細胞の感度が異なることから，におい分子の濃度によって応答する細胞が異なる。したがって，においの質は各細胞の応答パターンによって決定され，同じにおい分子であっても濃度によって質が変化する場合が生じる。スカトールが，低濃度では芳香，高濃度では不快な糞臭に感じられるのはこのためである。

一方，嗅覚受容体は同時に複数のにおい分子とも結合できる。におい分子 X とにおい分子 Y が同じ嗅覚受容体で捉えられた場合は相加的なにおいとなり，

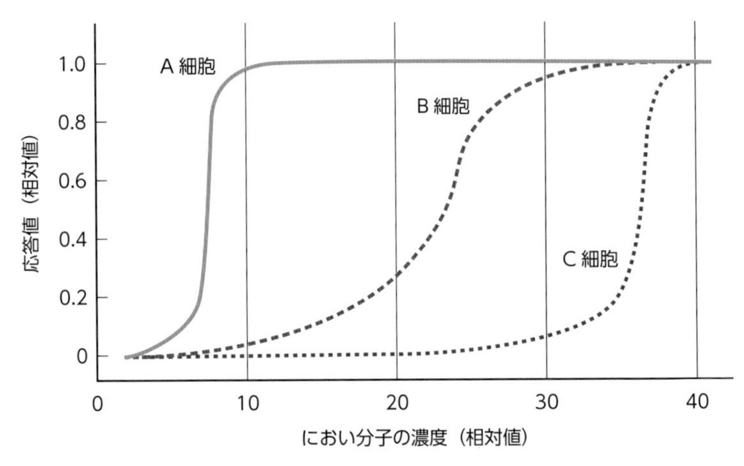

図 1.4 におい分子に対する嗅細胞の応答パターンの例（模式図）

異なる嗅覚受容体でそれぞれ捉えられた場合には単純な混合臭となる。すなわち，あるにおい分子が単独で存在する場合と，複数が共存する場合では，においの質が変わるのである。たとえば，足のにおいとバニラのにおいを足すとチョコレートの香りに変化し，また焼き魚にレモンをかけると生ぐさいにおいが消えるのはこのためである。香水や化粧品の使用は，体臭を目立たないようにする有効な手段である。ただしこの時，自分の体臭に適したものを使用しないと，思わぬにおいに変化してしまうことがある。調香師は香料を調合して特定の香りをつくりだす専門家であるが，におい・かおりの組み合わせの良し悪しは，嗅覚を頼りに経験的に積み重ねられてきた部分が大きい。そこで，体臭の原因となる皮膚ガスが特定できれば，その物理・化学的な特性から最適な組み合わせを科学的に探索できるだろう。

1.3 今なぜ体臭が気になるのか

衛生・清潔志向が進む現代では，においに対して敏感な人が増えている。近年では体臭や口臭などによって周囲の人に不快感を与える「スメルハラスメント（スメハラ）」という言葉が世間に浸透するようになり，店頭にはさまざまなにおい対策グッズがあふれている。新型コロナウイルス感染症が収束を迎えた 2023

◆組見本

序章　災害に強い地域づくりとは何だろう？

〔本田明治〕

日本は豊かな自然環境の恩恵を受ける一方，自然災害も多く，豊かさと災害は表裏一体の関係にあります．私たちは長年の経験，知識や知見の継承，技術の進展を……した高い地域力で自然災害を克服してきました．しかしながら地方を中心に人口減少・高齢化による地域力の低下が進む中，近年の自然災害の頻発化・激甚化はしばしば回復困難なダメージを与えます．さらに地球温暖化に伴う環境変化への中長期的な対策も遅滞なく進めなければなりません．本書では，まず想像を超える自然災害……たを知り，そして自然災害が起こる前に自然や地域とどのように向き合い備え……もし被災した際にどのように乗り越えるかを学ぶことで，自然災害や環境……い地域づくりに向けたアプローチを多角的観点から身につけることを目指……

世界的にも多降水地域である日本は，多彩な自然環境と豊富な水資……た豊かな生活環境を構築しています．一方，台風や豪雨・豪雪，竜……による多様な風水害に見舞われ，豊かさと災害は表裏一体の関係に……ます（図1）．また国連防災機関（UNDRR）によれば2000～2019……世界の大規模自然災害はそれ以前の1980～1999年から1.7倍増……この状況下では，防災・減災や災害レジリエンスの高度化・精……人口減少・高齢化による地域力（公助や共助）の低下を踏まえ……

災害と豊かさは表裏一体
自然災害　地域力で共存　豊……
頻発化・激甚化　自然環境変化　地球温暖化
災害や環境変化に強い地域社会を次世……

図1　地域災害環境システム学……

序章　災害に……

第三部｜乗り越える　被災してしまったら

8　被災後の生活再建を助ける法律とは？

〔岡本　正〕

大規模な自然災害による被害とは何でしょうか．尊い命の犠牲，住まいや事業所等の破壊，電力等公共インフラの断絶…凄惨な情景を私たちはまず想像することでしょう．しかし被害はそれにとどまりません．「自宅も職場も津波で流された．夫は行方が知れず，私と子どもは着の身着のままで高台に逃れ，今は避難所にいます．住宅ローンと個人事業のローンが数千万円残っています．生活費も十分な貯蓄はありません．ローン，公共料金，学費や事業経費の支払いは絶望的…．家の再建をしなければならないのですが，何もかも，どうしたらよいのか途方に暮れています…」．将来のお金やくらしに関わる想像を絶する困難が，災害直後から被災者に襲いかかるのです．ここから生活再建に向けて一歩を踏み出す助けとなる心強い味方が，実は「法律」です．過去の被災者の生の声をもとに，将来起きる災害のために今から「知識の備蓄」とすべき法制度や，「被災したあなたを助けるお金とくらしの話」の防災教育の展開手法について学びを深めていきましょう．

◆8.1　生活再建フェーズの新しい防災教育

防災教育というとどのようなイメージをもつでしょうか．多くの方がイメージするのは，自然災害の物理的脅威から生き残ることを目的としたサバイバル技術

図1　生活再建フェーズの「知識の備え」の防災教育[4]

……の研究者，自治体，地域づくりに従事する方々（経営者，危機管理担当者など）．

村山敏夫　新潟大学人文社会科学系
岡本　正　銀座パートナーズ法律事務所

年3月以降に実施した男女287人に対する意識調査によると，脱マスクにより自分のにおいが気になるようになった人は15％増加，他者のにおいが気になるようになった人は25％増加したという（シービック 2023）。

ではなぜ今，私たちは体臭が気になるのか。一つは，体臭が「社会的な関係性」に密接に関わっているためである。伊藤（2023）は，「浮浪者の特徴としてよくその臭いが挙げられるように，臭いということは不衛生であるだけでなく，社会性を欠くことの象徴であるかのようである。」と述べている。また映画『パラサイト半地下の家族』（2019）*2) では，体臭にまつわる表現が随所にみられる。この映画は，半地下住宅に暮らす全員失業中の家族が，身分を偽って富豪の家に家庭教師や運転手として入り込み，騒動を巻き起こすブラック・コメディーであるが，その中でも父親ギテクの体臭がその人の社会的地位あるいは状況を暗示するシグナルとして描かれている。また日本においては，「人さまに迷惑をかけてはいけない」という規範が受け継がれており，自分の体臭によって隣にいる人に迷惑をかけてはいけないという無言の圧力がかかっているようである。さらに，自分の体臭は嗅覚順応で知覚しづらく，皮膚ガスは極微量のため視覚で見ることはできない。自分では捉えることができない自分の体臭が，周囲の人の快・不快感に影響を及ぼすとすれば，漠然とした不安につながることもあるだろう。また，もともとにおいに対して敏感といわれる女性の社会進出も要因の一つかもしれないが，この点は今後の社会学的検証を待ちたい。

一方，環境学的な視点からは，体臭が「目立つ」ようになってきたことが挙げられる。時代とともに私たちが吸っている空気が相対的にきれいになってきたのである。日本は，1950～1970年代の高度経済成長期に深刻な大気汚染による公害を経験したが，大気汚染防止法などにより環境基準や，工場排煙・自動車排ガスに対する排出規制が設けられ，光化学スモッグや微小粒子状物質（$PM_{2.5}$）などによる大気汚染は減少傾向にある。今，晴れた日は都心部や工業地帯でも澄み切った青い空を仰ぎ見ることができる。一方，化学物質による室内空気汚染は，古くは開放型燃焼器具の使用に伴う一酸化炭素中毒，1990年代後半からは建築

---

*2)：第92回アカデミー賞（作品賞など計4部門）と第72回カンヌ国際映画祭パルム・ドールを受賞した韓国映画。

材料などから放散されるホルムアルデヒドや揮発性有機化合物（volatile organic compounds, VOCs）によるシックハウス症候群，近年では住宅の浸水被害の増加に伴う高湿度環境下における微生物由来 VOCs による健康影響などが大きな関心を集めてきた（松木 2023）。さらには，紙巻きたばこなどの喫煙は，喫煙者自身の健康問題だけでなく，非喫煙者に対する望まない受動喫煙の原因になっていた。

しかし，これらの問題が次第に改善され，ヒトの周囲の空気が清浄になるにつれて，ヒトの体臭が相対的にクローズアップされてきた。すなわち，環境中のヒトから放散する皮膚ガスが，においを伴って空気中の不純物となり，感知されやすくなったのである（**図 1.5**）。友人や知人を訪ねた時に，その家特有のにおいを感じることがある。家庭における室内臭気には，調理，内装材や家具，布製品，生ゴミ，ペット，たばこ，芳香剤などが影響するが，ヒトから生じる生体ガスもこれらに混じり，特有のにおいを形成しているのである。中村ら（2014）は，住居形態，家族構成および生活習慣の異なる 5 家庭で室内空気を採取し，窒素系，硫黄系，脂肪酸系およびアルデヒド系の悪臭物質 18 種類を測定し，アルデヒド系および酢酸が室内臭気の主な原因であること，これらはヒトの皮脂や汗に由来することを明らかにしている。

体臭が注目されるもう一つの背景に，われわれの未来の「住まい方」がある。国連によれば，2100 年に世界の人口は 108 億人に達し，その 84％がメガシティのような都市部に住むと予測されている。人口が集中するメガシティでは，快適かつ効率的な都市生活が求められ，これを支援するシステムとして住まいに設

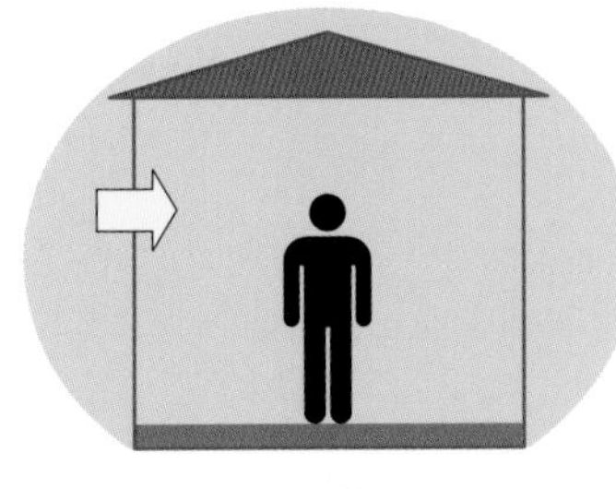
大気汚染物質のにおい
(1950 ～ 1990 年代)

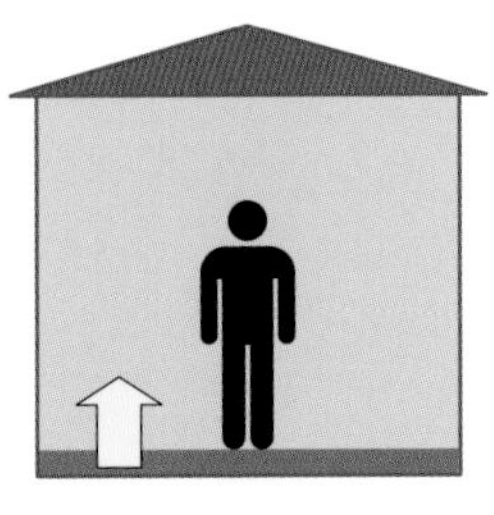
建材などの化学物質のにおい
(1990 ～ 2000 年代)

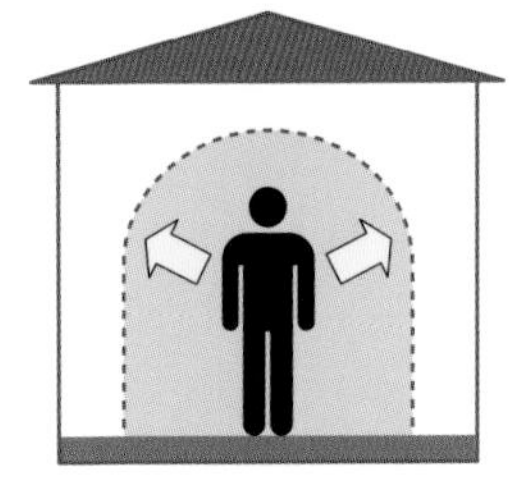
ヒト皮膚ガスのにおい
(2000 年代～)

図 1.5　住まいの主な臭気源の移り変わり

置された機器をインターネットでつなぐ internet of things (IoT) が重要になる。皮膚ガスは，無自覚に室内空気中に放散される。この室内空気中の生体ガスをIoT に接続されたセンサーなどで測定し，得られたデータを自動解析できれば，本人は特別に意識することなく日常的な健康チェックが可能になる。あるいは，体調不良を感じる時，得られた情報を医療機関に転送すれば，迅速な処置を受けることも可能となるであろう。すなわち，皮膚ガスの測定によって得られるビッグデータは，われわれの生活を大きく変える潜在能力を秘めている。人類が宇宙空間で生活する可能性も現実味を帯びはじめており，皮膚ガスが豊富な化学情報を有する生体信号として宇宙関連施設で利用される時代もくるかもしれない。

コラム V チューバーに体臭はあるか

筆者は，あるテレビ番組で，バーチャル YouTuber (V チューバー) に講義をしたことがある。V チューバーとは，コンピューターグラフィックで描画されたキャラクター (アバター)，またはそれを操作する人のことを指すようであり，画面の中のキャラクター達と会話しながら講義を進めた。冒頭でキャラクター達に「体臭はありますか？」と尋ねると，ほとんどの場合一瞬「間」が空く。これは，V チューバーの主体がどこにあるのかという命題に直結し，操作している人に戸惑いが生じるためであるようだ。人とアバターの関係性は，体臭を通じてみえてくるのかもしれない。

1.4 皮膚ガスとは何か

皮膚ガスは，体表面から放散される揮発性の有機・無機化合物の総称である。皮膚ガスが空気中に拡散して，嗅覚閾値（いきち）[*3)] を超える濃度で嗅覚に到達すると「体臭」として知覚される。皮膚ガスの生成メカニズムはさまざまであるが，主として次のような物質によって構成される混合ガスであり，その組成によって体臭も変化する。

*3)：ヒトがにおいを感知できる最小濃度のことを嗅覚閾値という。物質ごとにこの濃度は異なり，空気中の体積濃度 (ppm や ppb) で表される。嗅覚閾値の小さい物質ほど，薄い濃度でもにおいとして感知されやすい。

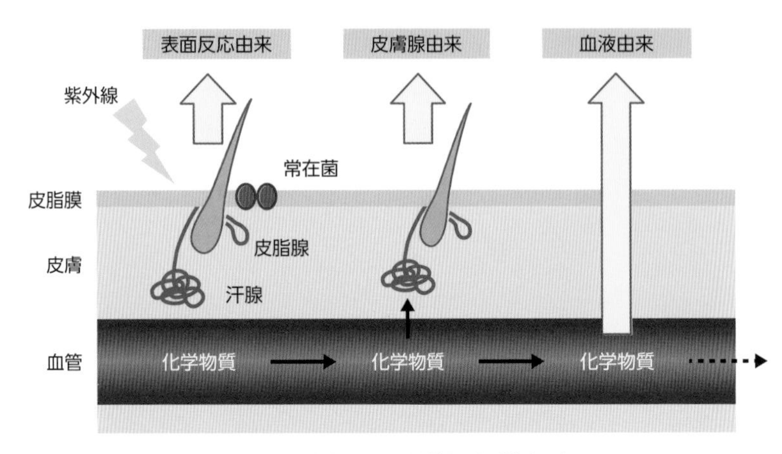

図 1.6 皮膚ガスの放散経路（模式図）

①エネルギー基質（炭水化物，タンパク質，脂質）などの代謝生成物
②腸内細菌による産生物
③吸入・経口・経皮摂取された外因性化学物質（外来因子）
④皮膚表面における生物的・化学的な反応生成物

皮膚ガスを放散経路で分類すると，**図 1.6** に示すように，表面反応由来，皮膚腺（汗腺・皮脂腺）由来，血液由来に大別することができる。

表面反応由来は，従来から体臭の主な原因と考えられてきた経路である。ヒトの皮膚表面は，汗や皮脂からなる皮脂膜によって覆われており，グリセロール，脂肪酸，アミノ酸，乳酸などが含まれ，これらは本来無臭である。しかし，皮膚常在菌や過酸化物の作用によって揮発性化合物に変化し，皮膚表面から放散して皮膚ガスとなり，いわゆる汗臭，皮脂臭，加齢臭などの原因となる。

皮膚腺由来は，皮膚ガスが汗腺（エクリン汗腺，アポクリン汗腺）や脂腺などの皮膚腺を通じて放散する経路のことであり，皮膚からの放散量は発汗や皮脂の分泌に伴って増加する。汗の原料は血漿であることから，血中の成分が汗腺を経由して放散することもある。たとえば，酢酸（CH_3COOH）は弱塩基性（pH 7.4）の血液中では酢酸イオン（CH_3COO^-）として存在するため揮発せず，呼気から排出されることがないため，不揮発性の酸と呼ばれている。しかし，血中の酢酸が汗に移行すると，皮膚表面は通常弱酸性（pH 5〜6）であるために，次の式に示すように電離平衡が移動し，揮発性の酢酸分子（CH_3COOH）となって揮発する。

$$CH_3COO^- + H_3O^+ \rightarrow CH_3COOH + H_2O$$

血液由来とは，血中の成分が揮発して皮膚表面から直接放散する経路のことであり，エネルギー基質（炭水化物，タンパク質，脂質）の代謝やその他の生体内反応の過程で生成し，血流によって運ばれる揮発性成分はこの経路で放散される。したがって，皮膚ガスの放散は血管の分布や血液循環との関係が深い。たとえば，ニンニクのような香りの強い食品を摂取した時，その代謝物であるジアリルジスルフィドやアリルメチルスルフィドが血液由来で皮膚から放散されて体臭に反映されることがある。これらは血液中から揮発するため，皮膚表面を洗っても落とすことはできない。また，経口，吸入，経皮曝露によって生体内に取り込まれた外因性の化学物質もこの経路で皮膚から放散することがあり，たとえば喫煙に伴い，ニコチンやトルエンなどのたばこ煙成分が皮膚ガスとして検出されている。

皮膚ガスの種類の全容は未だ明らかではないが，Mitra ら（2022）は皮膚ガス成分の非標的分析（untargeted analysis）に関する複数の報告について，システマティックレビューを行い，VOCs として 822 種類が存在し，その内訳はアルデヒド 18%，カルボン酸 12%，アルカン 12%，脂肪族アルコール 9%，ケトン 7%，ベンゼンおよびその誘導体 6%，アルケン 2%，テルペノイド 2%，その他であったと報告している。また，無機化合物としては，二酸化炭素，アンモニア，水素，二酸化窒素，などの放散が認められている。

表 1.1 に，主な皮膚ガスの生成機構と放散経路を示す。皮膚ガスによっては複数の生成機構および放散経路を有するものがあり，アンモニアは，タンパク質代謝のほかにも筋肉負荷や，心理的ストレス負荷などに伴って発生し，さらに体表面の部位によって血液由来および皮膚腺（汗腺）由来の寄与割合が異なると考えられている。代表的な皮膚ガスについては，2 章にて詳述する。

皮膚は私たちの身体を包み，外部環境の刺激から体を守る保護臓器である。体内の生命活動が環境の影響によって乱されることなく，一定の条件で行われるように保つ働きをする。**図 1.7** に示すように，表皮（epidermis），真皮（dermis）および皮下組織（subcutaneous tissue）から構築され，成人の場合は 1.6～1.8 m^2

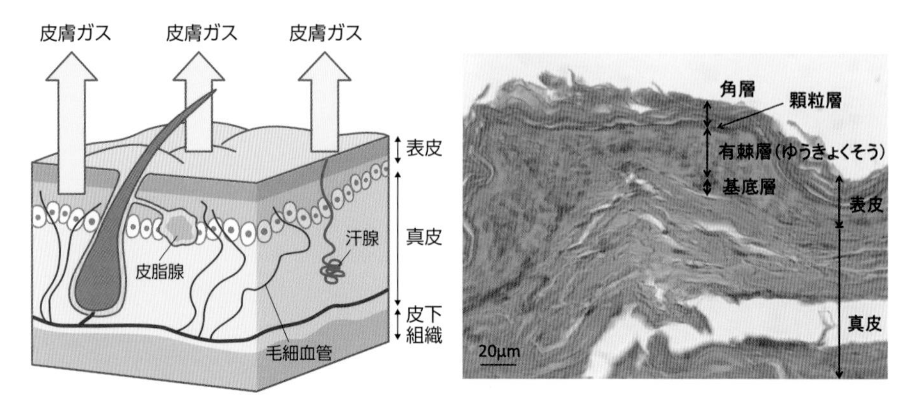

図 1.7 ヒト皮膚の構造（左）と断面の光学顕微鏡写真（600 倍，染色）（右）

表 1.1 主な皮膚ガスの生成機構および放散経路（推定含む）

分類	物質名（臭気表現）	主な生成機構	主な放散経路
無機化合物	二酸化炭素	細胞呼吸	血液
	水素	腸内細菌の作用	血液
	一酸化窒素	アルギニンの酵素反応	血液
	二酸化窒素	NO の酸化，外来因子	血液
	アンモニア（疲労臭）	タンパク質代謝，筋肉 AMP の脱アミノ化など	血液，汗腺，表面反応
有機化合物			
炭化水素	メタン	腸内細菌の作用	血液
	エタン	腸内細菌の作用	血液
	エチレン	腸内細菌の作用	血液
ケトン	アセトン（ダイエット臭）	脂質代謝	血液
	6 メチル-5-ヘプテン-2-オン	皮脂（スクワレン）の酸化分解	表面反応
	ジアセチル（中年男性臭）	汗中乳酸の常在菌による代謝	表面反応
アルデヒド	アセトアルデヒド（お酒臭）	エチルアルコールなど糖代謝	血液，汗腺
	n-プロパナール	皮脂（リノレン酸・オレイン酸）の酸化分解	表面反応
	n-ブタナール	皮脂（リノレン酸）の酸化分解	表面反応
	n-ヘキサナール	皮脂（リノール酸・パルミトレイン酸・ワセン酸）の酸化分解	表面反応
	n-ヘプタナール	皮脂（パルミトレイン酸・ワセン酸）の酸化分解	表面反応
	n-オクタナール（皮脂臭）	皮脂（オレイン酸）の酸化分解	表面反応
	n-ノナナール	皮脂（オレイン酸）の酸化分解	表面反応
	n-ペンタナール	皮脂（リノール酸）の酸化分解	表面反応

（表 1.1 つづき）

アルデヒド	2-ノネナール（加齢臭）	皮脂（ω -7 不飽和脂肪酸）の酸化分解	表面反応
	2-ヘキセナール（カメムシ臭）	皮脂の酸化分解	表面反応
	クミンアルデヒド（カレー臭）	カレーライス摂取	血液，汗腺
	イソ吉草酸アルデヒド（汗臭）	汗中成分の常在菌による代謝	表面反応
有機酸	酢酸	生体内代謝，発汗など	血液，汗腺，表面反応
	プロピオン酸	生体内代謝，発汗など	血液，汗腺，表面反応
	n-酪酸	生体内代謝，発汗など	血液，汗腺，表面反応
	n-吉草酸	生体内代謝，発汗など	血液，汗腺，表面反応
	n-ヘキサン酸 /*n*-カプロン酸	生体内代謝，発汗など	血液，汗腺，表面反応
	ペラルゴン酸 / ノナン酸	皮脂の酸化分解	表面反応
	イソ吉草酸（汗臭）	汗中成分の常在菌による代謝	表面反応
	(E)-3-メチル-2-ヘキセン酸	アポクリン分泌物の分解	表面反応
	3-ヒドロキシ-3-メチル-ヘキサン酸	アポクリン分泌物の分解	表面反応
アルコール	エチルアルコール	アルコール飲料由来	血液
	2-エチル-1-ヘキサノール	外来因子（化学物質曝露）	血液
	メントール	外来因子（メントール含有食品，電子たばこ）	血液
	3-メチル-3-スルファニルヘキサノール（腋臭）	アポクリン分泌物の分解	表面反応
芳香族炭化水素	ベンゼン	外来因子（化学物質曝露）	血液
	トルエン	外来因子（化学物質曝露）	血液
	キシレン	外来因子（化学物質曝露）	血液
	スチレン	外来因子（化学物質曝露）	血液
	p- ジクロロベンゼン	外来因子（化学物質曝露）	血液
	フェノール	外来因子（化学物質曝露）	血液
含硫黄化合物	メチルメルカプタン	腸内細菌の作用など	血液
	エチルメルカプタン	腸内細菌の作用など	血液
	ジアリルジスルフィド	食品由来（ニンニク中成分）	血液
	アリルメチルスルフィド	ジアリルジスルフィドの代謝生成物	血液
含窒素化合物	インドール	腸内細菌の作用	血液
	スカトール	腸内細菌の作用	血液
	トリメチルアミン	タンパク質（魚肉）の代謝	血液
環状エステル	γ-デカラクトン（C10 ラクトン）	脂質の β 酸化など	血液
	γ-ウンデカラクトン（C11 ラクトン）	脂質の β 酸化など	血液

（表 1.1 つづき）

その他	ニコチン	外来因子（喫煙）	血液
	2-メチルフラン	外来因子（喫煙）	血液
	3-メチルフラン	外来因子（喫煙）	血液
	2-ペンチルフラン	外来因子（喫煙）	血液
	2,5-ジメチルフラン	外来因子（喫煙）	血液
	フェニトロチオン	外来因子（農薬曝露）	血液
	5α-16-アンドロステン-3-オン	アポクリン汗腺分泌物	汗腺
	5α-16-アンドロステノン-3α-オール	アポクリン汗腺分泌物	汗腺

の面積となる。一方，皮膚表面からはさまざまな皮膚ガスが放散されており，その中には人体にとって有害な化学物質も含まれている。すなわち，皮膚は外部刺激に対する保護臓器であると同時に，内部刺激となる化学物質を常時放散する排泄臓器の役割も担っているといえる。

コラム　体臭か？口臭か？

室内臭気に影響するのは体臭だろうか，口臭だろうか。口臭は「口腔を通して発せられる社会許容限度を超えた不快なにおい」と定義され，口腔からのにおい分子は，息という指向性のある気流に乗って吐出されるため，直撃を受けると一時的に強いにおいに感じられる。しかし，室内臭気に対しては体臭の方が寄与しているようだ。Tsushima ら（2018）は，試験室に 5 人の男性被験者を在室させ，外来者がそのまま室内臭気を嗅いだ場合と，被験者の呼気を別室に排出させてその別室の室内臭気を嗅いだ場合を比較した結果，後者ではほとんどにおいがしなかったと報告している。体臭は個性であり，住まいのにおいにも影響しているらしい。

1.5　皮膚ガスの測り方

呼気ガスや腸内ガスに比べて，皮膚ガスに関する研究は歴史が浅い。その理由として，皮膚ガスを構成する成分はいずれも極微量であること，皮膚という固体表面から放散するガスであるため呼気のように大量にサンプリングできないことなどが挙げられる。そこで，これまでさまざまな工夫がなされてきた（**図 1.8**）。

皮膚ガス研究の初期においては，汗や皮脂の付着物が分析対象とされた。たと

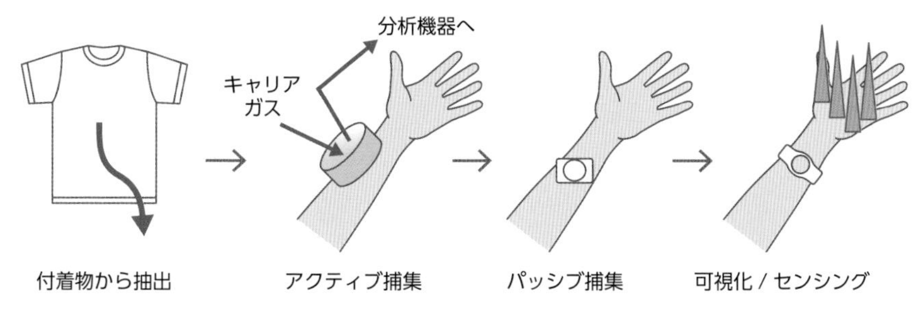

図 1.8　皮膚ガスの測定方法の進歩

えば，手掌（手のひら）でこすったガラスビーズ，身に着けた肌着や T シャツなどに付着した化学成分を溶媒に抽出し，化学分析することで体臭の原因物質の探索がなされた。本法は，汗や皮脂に由来する成分の定性分析に有効であり，加齢臭（2.1 節）や中年男性臭（2.2 節）の原因物質の発見に寄与した。

一方，皮膚ガスが体表面からどのくらいの濃度で放散しているかを精密に測定する方法として，アクティブ（動的）捕集法が開発された。皮膚の表面に出口・入口を有する小型容器を設置してキャリアガスを流通し，排出された皮膚ガスを直接，あるいは一旦捕集管で捕集して熱的または化学的に脱離したのち，機器分析装置に導入して成分の濃度を測定する方法である（Naitoh et al. 2002）。また，手掌や頭部をフッ素樹脂製のバッグで覆って密閉後，そのバッグ内にキャリアガスを流通させて捕集することも可能である（Nose et al. 2005）。本法は皮膚ガスの定性分析だけでなく定量分析を可能にし，皮膚ガス放散量と身体的・生理的状態の関係の解明にきわめて有効である。

皮膚ガスは非侵襲・非観血的な生体サンプルであり，いつでも・どこでも・誰でも・簡単にできる方法で捕集することが望ましい。すなわち，捕集中に被験者の行動が制限されない，職場や自宅など捕集場所の制限がない，飲食などの生活行為の影響を調べやすい，専門知識がなくても扱える，捕集した検体の長期保存がしやすい，などの条件をクリアしたい。そこで，近年ではパッシブ（受動的）捕集法が開発され，皮膚ガスの測定が飛躍的に容易になった（Nalbant & Boyaci 2019）。パッシブ法には，主にパッチ式とヘッドスペース式がある。パッチ式は，絆創膏のようなイメージであり，ガスの捕集材をガス透過性のあるメッシュで挟み，これを皮膚表面に直接置き，上部からガスを透過しないフィルム状素材でカバーして密閉状態をつくり，皮膚から放散するガスを一定時間捕集する方法である。ヘッドスペース式は，小型容器などで皮膚表面に小さな空間をつくり，この中にガス捕集材を挿入して皮膚から放散するガスを一定時間捕集する方法である。捕集後はガス捕集材を分析ラボに送付し，皮膚ガスを溶媒抽出または加熱脱離後，GC-MS[*4)] などで分析する。ただし，これらパッシブ捕集法の多くは，定性分析または半定量分析に用いられ，皮膚ガスの放散量を正確に求めることは困難である。

そこで筆者らは，皮膚ガス放散量を定量できるパッシブ捕集法として，パッシブ・フラックス・サンプラー（passive flux sampler, PFS）法を開発した（Sekine et al. 2007）。PFS はガスの分子拡散の原理を利用した小型デバイスであり，現在までにアルデヒド・ケトン類用，アンモニア・アミン類用，VOCs 用および低級脂肪酸用の PFS を開発している。**図 1.9** に，VOCs 用 PFS の構造を例示する（Sekine et al. 2023）。本体部はスクリュ瓶のキャップを使用しており，捕集時にスクリュ瓶を開栓し，本体部（キャップ）の開口部側を皮膚表面に載せ，サージカルテープを用いて固定する（**図 1.10**）。この時，皮膚表面と PFS 内部に生じるヘッドスペース内を VOCs が分子拡散してガス捕集材に捕捉される。

一定時間静置したのち，本体部をスクリュ瓶に再び取り付けて密閉し，分析まで保管する。捕捉された VOCs は，溶媒抽出または加熱脱離後，GC-MS により定量分析される。捕集時間は測定対象の分析感度を考慮して設定しなければならないが，GC-MS で VOCs を分析する場合は 30 分〜1 時間である。

PFS は郵便や宅配便でも送付可能であり，被験者が分析機関に赴く必要はない。ただし，保管中の PFS の汚染管理には細心の注意が必要である。

PFS 法を用いるメリットとして，次の 4 点が挙げられる。

①非侵襲性：被験者の負担が軽減され，非医療従事者でも利用できる
②簡便性：小型・軽量・電力不要，いつでもどこでも実施できる
③定量性：放散フラックス（後述）を定量できる
④生産性：多検体・多成分同時測定，連続測定が可能

---

*4)：ガスクロマトグラフ装置で分離させた種々の成分を，質量分析計で定性・定量分析する方法。

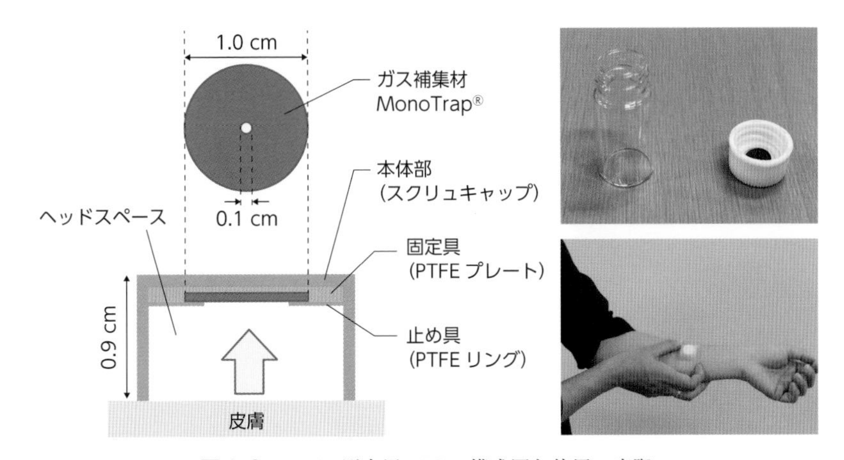

図 1.9　VOCs 測定用 PFS の構成図と使用の実際
ジーエルサイエンス社より皮膚ガスサンプラー MonoTrap®SG DCC18 として市販。PTFE：ポリテトラフルオロエチレン。

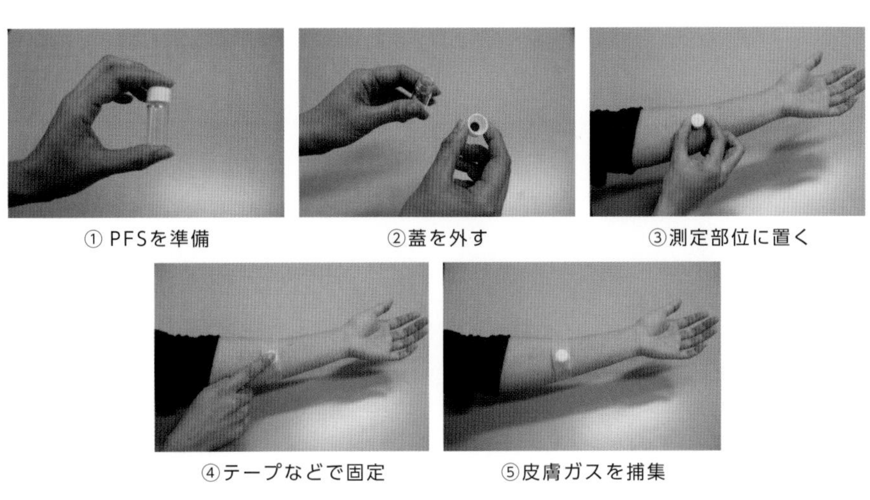

図 1.10　PFS による皮膚ガス捕集の手順

PFS と他のパッシブ捕集法との差別化ポイントの一つに，定量性がある。PFS では一定面積の皮膚から単位時間当たりに放散されるガスの量，すなわち放散フラックス E (ng cm^{-2} h^{-1}) を測定するからである。放散速度を面積で割った物理量ともいえる。ただし，実際に測定されるのは以下の式から求められる PFS による皮膚ガスの捕集フラックス F (ng cm^{-2} h^{-1}) であり，この捕集フラックスを放散フラックスとみなす（$E = F$）。

$$E = F = \frac{W}{St}$$

ここで，W は PFS による皮膚ガス捕集量（ng），t は捕集時間（h），S は PFS の捕集部の面積（cm^2）である。この放散フラックスを求めることにより，単に皮膚ガス成分間の大小関係を知るだけではなく，環境工学的な取り扱いも可能となり，応用範囲が格段に広がった。

一方，皮膚ガスを可視化する試みもなされている。筆者は，皮膚から放散するアンモニアと反応して薄い黄色から赤色に変化する腕時計型のアンモニア・インジケーターを開発した（Ikeda et al. 2022）。アンモニアは体の疲労，緊張や不安などの心理的ストレスに応答して放散量が増加することから，腕時計のように手首に取り付けて使用すると徐々に色が変化し，目視によって疲労やストレスの程度を知ることができる（コラム「ストレスを可視化」参照）。さらに，三林らの研究グループは，アルコール摂取に伴い皮膚から放散するアセトアルデヒドの濃度分布を可視化する探嗅（たんきゅう）カメラを開発した（Iitani et al. 2020）。アセトアルデヒドは酵素反応により蛍光を発する。そこで，アセトアルデヒドと反応して蛍光を発するシート状のメッシュ素材を開発し，メッシュ上に生じた蛍光（波長 490 nm）を高感度カメラで撮影することにより，アセトアルデヒドの濃度分布をリアルタイムに画像化することに成功した。また，アセトアルデヒドのような血液由来の皮膚ガスは，耳からも放散されることを明らかにした。

皮膚ガスは体表面から取得できる生体信号であり，ウェアラブルデバイスとの相性もよい。これを情報として活用することにより，新たな産業の創出につながる可能性がある。皮膚ガスのセンシング技術の開発はまさに日進月歩であり，皮膚ガスを情報として活用し，「においで病気を知る」時代がまもなく到来するであろう。

コラム　自分の体臭を知るには

自分の体臭を簡単にチェックするには，1日着た後のTシャツや肌着，あるいは一晩寝た後の枕カバーをポリ袋に入れ，空気を入れて密封する。次に，外の新鮮な空気で大きく深呼吸して自分の嗅覚をリセットする。鼻がリフレッシュした状態でポリ袋を開けて中のニオイを嗅ぐと，自分の体臭がおよそわかる。ただし，ここで感じるのは，主に汗や皮脂に由来する皮膚ガス成分。より詳細に調べたい時は，PFS法による皮膚ガス検査を利用するとよい。

第2章 体臭の傾向と対策

2.1 加齢臭

2.1.1 2-ノネナールの生成

体臭は年齢を重ねるにつれて徐々に変化する。加齢臭と呼ばれる体臭は，*trans*-2-ノネナール（以下，2-ノネナール）という皮膚ガスが原因である。2-ノネナールのにおいは，古い畳や古本，枯れ葉などに例えられ，英語では ageing odor や old person's smell と表現される。

2-ノネナールは，皮膚に分泌される「皮脂」が酸化されることによって生成する。皮脂は皮脂腺から分泌されるアブラで，汗腺から分泌された汗と混じり合って皮脂膜をつくり，肌を保護する働きをする。皮脂は，皮脂線から分泌されるトリグリセリド，スクワレン，ワックスエステルなどの中性脂質と，角層を通じて分泌されるコレステロールやセラミドなどから構成される。また，トリグリセリドは皮膚表面で毛嚢や表皮に住む常在菌（バクテリア）によって分解され，モノグリセリド，ジグリセリドおよび遊離脂肪酸を生じ，これらが混じり合って肌のアブラとなる（**図 2.1**）。

加齢臭の元となる2-ノネナールは，皮脂に含まれるパルミトレイン酸 *1) という遊離脂肪酸が原料となる。パルミトレイン酸は分子内に炭素-炭素の二重結合を有する不飽和脂肪酸の一種であり，二重結合の位置からω-7 脂肪酸に分類される。このパルミトレイン酸が過酸化脂質と呼ばれる強力な酸化剤によって酸化されると，2-ノネナールが生成する（Haze et al. 2001）。過酸化脂質もまた皮脂

---

*1)：パルミトオレイン酸ともいう。

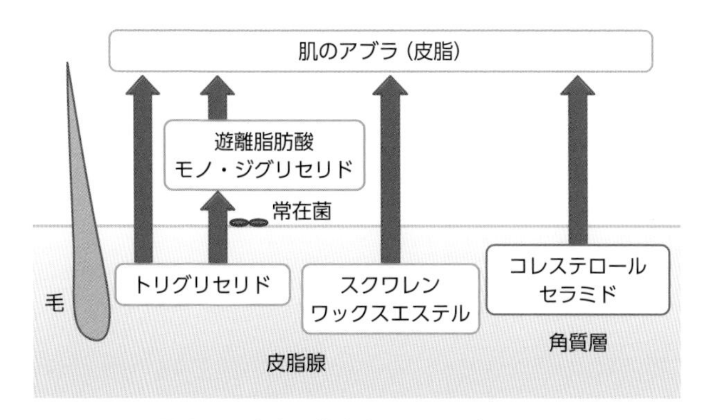

図 2.1　皮脂の構成成分とその成り立ち

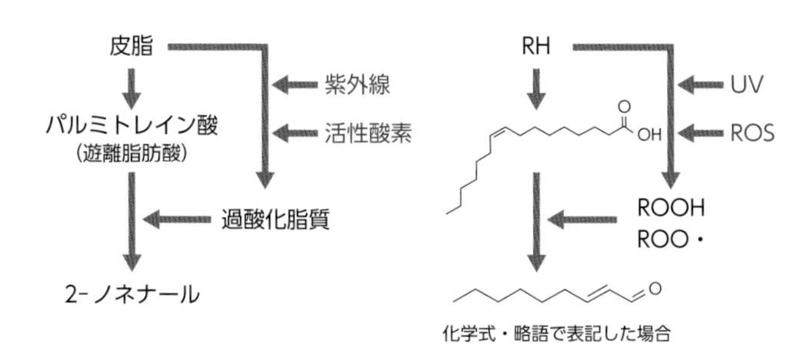

図 2.2　2-ノネナールの生成機構

が原料となり，太陽の光に含まれる紫外線（ultra violet, UV）や体の中で生成する活性酸素（reactive oxygen species, ROS）によってつくられる（**図 2.2**）。

図 2.3 に示すように，2-ノネナールの皮膚放散量には年齢依存性がある。男性の場合 35 歳頃から，女性の場合 40 歳頃から発生がはじまり，年齢が上がるにつれて増え，50 代以降になると加齢臭として知覚されやすくなる。皮脂の分泌量は一般に 10 代から 20 代にかけて増加し，その後は加齢とともに減少する（**図 2.4**）。しかし，皮脂を構成する成分は年をとるにつれて変化し，2-ノネナールの原料となるパルミトレイン酸は，理由は明らかではないが徐々に増えてくる。また，老化の原因とも呼ばれる活性酸素も年齢を重ねるとともに増える傾向があり，加齢とともに 2-ノネナールが生成しやすい条件が揃ってくるのである。

皮脂の分泌量には男性ホルモンが関係している。男性ホルモンは皮脂を分泌する皮脂腺を刺激し，皮脂の分泌を促す。一方，女性ホルモンは皮脂の分泌を抑制

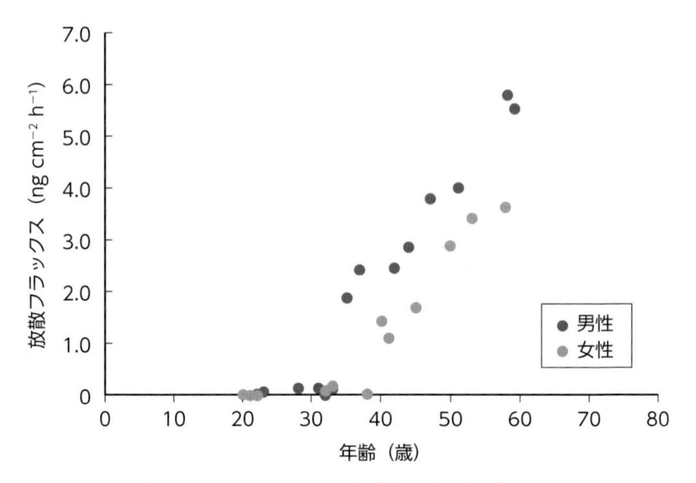

図 2.3 2-ノネナール放散量と年齢・性別の関係
男性 14 人，女性 13 人，年齢 20～59 歳，皮膚ガス捕集：項部にて 7 時間。Kimura et al. (2016) より引用改変。

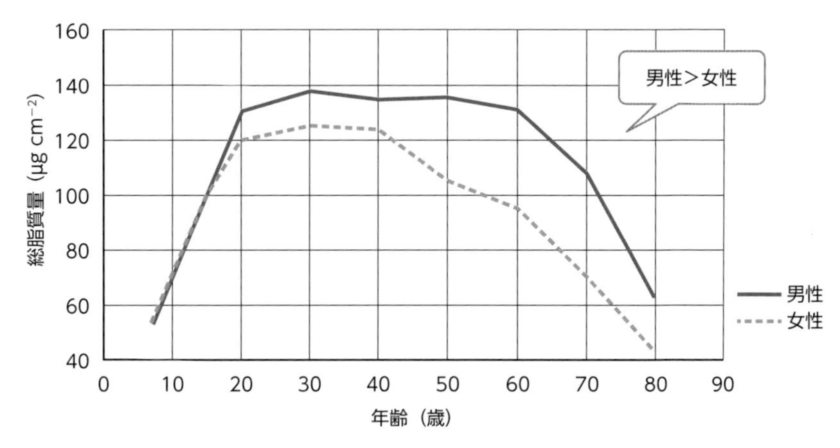

図 2.4 年齢による皮脂分泌量の変化
Porro et al. (1979) より引用改変。

する。このことから，一般に皮脂の分泌量は男性の方が女性よりも多い傾向がある。したがって，個人差はあるが，2-ノネナールの皮膚からの発生量も男性の方が多くなる傾向がある。

皮脂の分泌量は体の部位によって異なる（**図 2.5 A**）。2-ノネナールは，皮脂

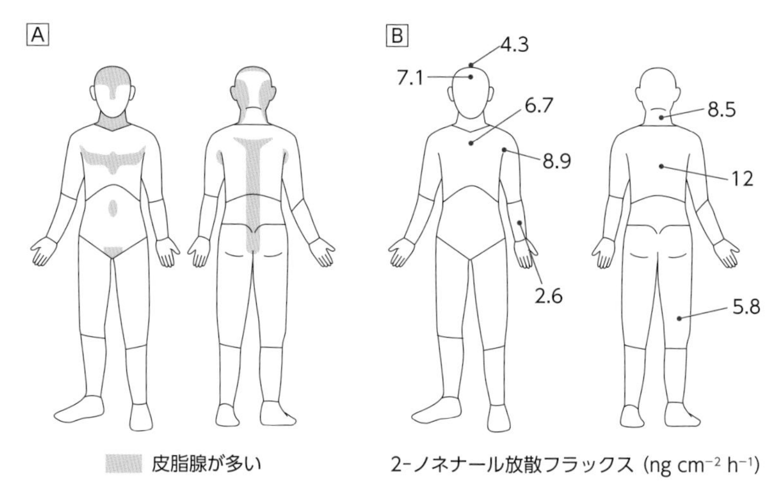

図 2.5 皮脂分泌量（A）および男性 50 歳の 2-ノネナール放散量の分布（B）

の分泌が多い頭部や項部（うなじ），腋窩（わきの下），胸部や背部を中心に発生しやすい。**図 2.5 B** に男性 50 歳を対象に 2-ノネナールの全身分布を測定した例を示す。ヒトの体温は約 36 ℃であり，通常は室温よりも高くなるので，人体は発熱体になる。この場合，体の周囲には上昇気流が発生するため，2-ノネナールは頭頂部から上に向かって広がりやすい傾向にある。一方，歩いたり走ったりすると，項部や背部から発生した 2-ノネナールが後ろに流れていくことがある。

2.1.2 加齢臭の対策

加齢臭の対策としては次のものがある。

①体をやさしく洗う

2-ノネナールは皮膚表面に分泌された皮脂が原料になるので，この皮脂を洗い流すことにより落とすことができる。お風呂に入って体を洗って湯船に浸かれば，疲れとともに加齢臭も落とすことができる。ただし，夜間寝ている間に 2-ノネナールが発生することがあるため，日中に人に会う用事があり，特に気をつけたいという場合は，朝も入浴したりシャワーを浴びたりするとよい。シャワーの場合，朝に 1 分間シャワーを浴びれば，夕方まで体臭を抑えることができる（東京ガス 2004）。ただし，皮脂を落としすぎると，過剰に皮脂が分泌されてしまい，かえって2-ノネナールの放散量が増えてしまうことがある。

②紫外線による皮脂の酸化を防ぐ

2-ノネナールは皮脂の酸化により生成するので，酸化させないことが重要である。過酸化脂質は紫外線の作用によって生成するので，夏場など紫外線の強い時期に外出する時は，熱中症予防も兼ねて日傘や帽子を活用し，なるべく緑陰や日陰を歩くとよい。

③活性酸素による皮脂の酸化を防ぐ

体の内側からのケアも重要である。過酸化脂質は体内に活性酸素が過剰に発生すると増加する。活性酸素とは，酸素分子（三重項酸素$^3O_2$）が活性化され，より反応性が高くなった状態の化合物の総称である。一般的に，ヒドロキシラジカル（$\cdot OH$），スーパーオキシドアニオンラジカル（$O_2^{\cdot -}$），過酸化水素（H_2O_2），一重項酸素（$^1O_2$）を指す。生体内では，ミトコンドリア内の電子伝達系において電子伝達物質 *2) の酸化還元サイクルを介して生成される（**図 2.6**）。活性酸素は常に体内で生成されているが，スーパーオキシドジスムターゼ，カタラーゼ，ペルオキシダーゼなどの抗酸化酵素，ビタミンCやポリフェノールなどの体外由来の因子により除去され，通常では体内の活性酸素の量は均衡に保たれている。しかし，過度な運動やストレス，空気汚染や喫煙などは活性酸素の産生を助長し，体内の活性酸素量が過剰になると細胞を傷つけ，老化，がん，動脈硬化などの疾患をもたらす原因になると考えられている。活性酸素による酸化反応を伴うストレス刺激は酸化ストレスと呼ばれる。したがって，日頃からバランスのとれた食事，適度な運動習慣，十分な睡眠をとり，活性酸素の過剰な産生を防止することが望ましい。

また，2-ノネナールは抗酸化成分を豊富に含む食品の摂取によって低減できることがわかってきた。抗酸化成分とは，体内で生じた活性酸素を打ち消す働きを

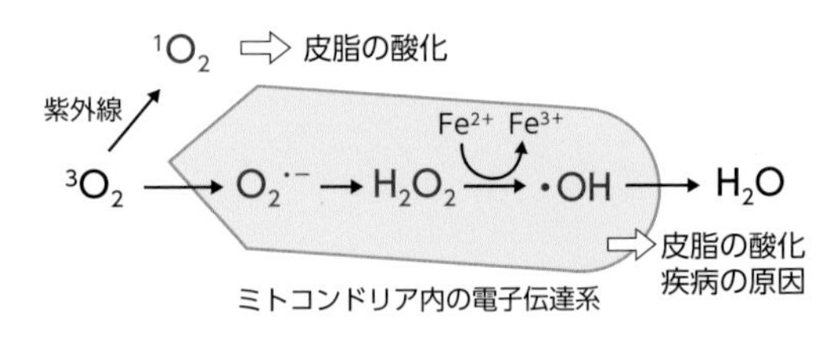

図 2.6 ミトコンドリアにおける活性酸素（赤字）の産生

*2)：NADPH（nicotinamide adenine dinucleotide phosphate）を指す。

する物質で，ビタミンC，ビタミンE，カロテノイド類，ポリフェノール類などが挙げられる。Willems ら (2021) は，英国の成人 14 人 (男性 9 人，女性 5 人，49〜64 歳) を対象に，ニュージーランド産カシス (ブラックカラント，クロスグリともいう) の摂取試験を行った。カシスは，抗酸化成分としてアントシアニンを多く含んだ食用果実である。カシスに含まれるアントシアニンは吸収されやすく，また長時間体内に残留する性質を有する (平山・松本 2001)。被験者はカシス粉末を 1 日 6 g，7 日間摂取し，摂取前および最終摂取から 2 時間後に皮膚ガスを捕集した。カシス粉末 6 g にはアントシアニン 138.6 mg，ビタミン C 49 mg，炭水化物 5.2 g が含まれ，総ポリフェノール含有量は 271.6 mg であった。皮膚ガスの捕集には PFS を用い，捕集部位は項部，捕集時間は 1 時間とした。その結果，**図 2.7** に示すように，2–ノネナールの放散フラックスは，カシス粉末を摂取しない対照群では 4.7 ± 3.4 ng cm^{-2} h^{-1} であったのに対し，カシス粉末摂取群では 2.4 ± 1.5 ng cm^{-2} h^{-1} となり，カシス粉末を摂取することにより 51% (49%減) となった ($p = 0.03$)。これは，カシス粉末中の抗酸化成分が 2–ノネナールの産生抑制に寄与したものと考えられ，ジアセチルのように皮膚常在菌による分解物である皮膚ガスに対しては影響が認められなかった。

また，梅澤ら (2023) は，日本人成人 16 人 (男性 7 人，女性 9 人，47〜64 歳) を対象に，群馬県高崎市産梅製品の摂取試験を行った。梅はポリフェノール類やクエン酸などを含み，江戸時代から民間薬として利用されてきた。高崎市は全国

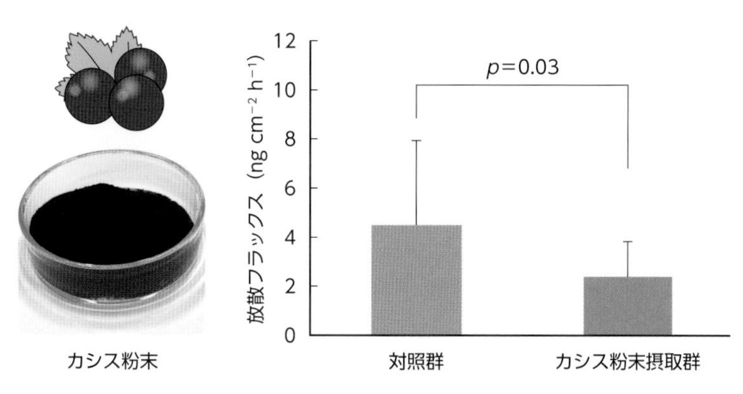

図 2.7　カシス粉末摂取に伴う 2–ノネナール放散フラックスの変化
被験者 14 人，49〜64 歳，皮膚ガス捕集：項部にて 1 時間。エラーバー：標準偏差。
Willems et al. (2021) より引用改変 .

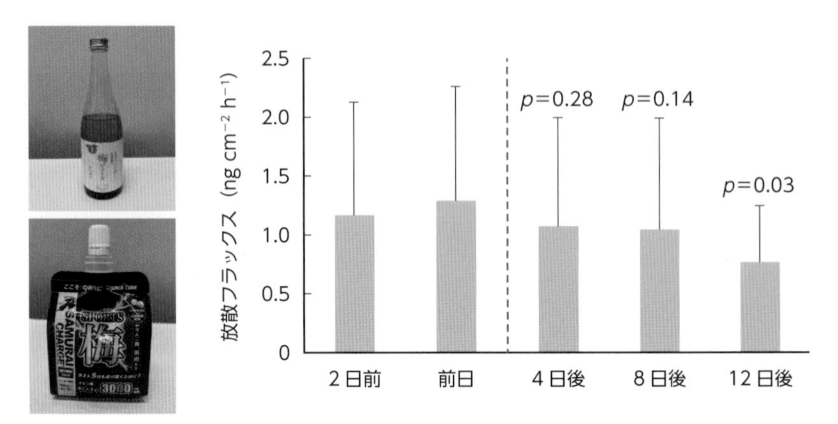

図 2.8 高崎市産梅加工製品摂取に伴う 2-ノネナール放散フラックスの経時変化
被験者 16 人，47～64 歳，皮膚ガス捕集：項部にて 1 時間。エラーバー：標準偏差。

有数の梅の産地であり，梅を原料とする加工食品が多数開発されている。そこで，いくつかの梅製品を対象に抗酸化力を調べ，梅ジュースと梅ゼリー飲料を選定した。被験者は梅ジュース 360 mL と梅ゼリー1 本を 12 日間摂取し，摂取 2 日前，摂取前日，摂取 4 日後，8 日後および 12 日後に皮膚ガスを捕集した。この間，被験者の食事や行動は制限せず，日常の食生活にこれら梅製品を取り入れた場合の影響を検討した。皮膚ガスの捕集には PFS を用い，捕集部位は項部，捕集時間は 1 時間とした。その結果，**図 2.8** に示すように，2-ノネナールの放散フラックスは梅製品を摂取した後に緩やかに減少する傾向がみられ，摂取 12 日後の値は摂取前日の値に対して 60% (40%減) となり，有意な減少がみられた (p = 0.03)。

④香水を使う

香水を服や肌につけて加齢臭を目立たなくするのは，本質的な解決ではないが，手っ取り早い方法である。ただし，適した香水を用いないと，かえって変なにおいになることがあるので要注意である。2-ノネナールのにおいは「シトラス系」に分類される。したがって，レモン，ライム，オレンジなどの香りとは相性がよい。ただし，シトラス系の香りは持続力がないので，頻繁に香りを足す必要がある。また，森林調の香り（マツなどの針葉樹林の香り）もよい。一方，ウッディ・パウダリーな香り（樹木，お香のような香り，ポマードの香り）ではカバーできず，かえって変なにおいになってしまうことがある。

においはイメージと結びつきやすい性質がある。幼少の頃，おじいさんやおばあさんとよい思い出のある人は，加齢臭を懐かしく感じ，不快に思うことは少ないようである。加齢臭は年を重ねることにより誰からも発生し，発生していることが普通の状態であることも理解しておきたい。

2.2 中年男性臭

2.2.1 ジアセチルの生成

加齢とともに発生量が変わる皮膚ガスは2-ノネナールだけではない。男性の場合，30～40代に発生量が増える皮膚ガス成分として，ジアセチルが知られている。ジアセチルは，使い古した油，あるいはヨーグルトやチーズのようなにおいがあり，ジアセチルと他の皮脂臭などが混ざると中年男性特有のにおいとなり，香粧品分野では「ミドル脂臭」と呼ばれている。ただし，ジアセチル自体は乳製品などからも放散される。

ジアセチルは，汗に含まれる乳酸と皮膚常在菌との表面反応によって生成する皮膚ガスである。私たちは通常，炭水化物（糖質）などのエネルギー基質を燃やして活動に必要なエネルギー（アデノシン三リン酸（adenosine triphosphate, ATP））を獲得している。この時，酸素が十分に供給されていれば，炭水化物はピルビン酸を経て，最終的に水と二酸化炭素になる。しかし，激しい運動をした時など，体内における酸素の供給が不十分な場合は，体内でピルビン酸から乳酸が生成する。ちなみに，乳酸は筋肉痛の原因となる疲労物質であり，筋肉痛の原因は激しい運動により乳酸が溜まるためと考えられてきたが，最近では，乳酸は運動を行っていない安静時にも産生され，また筋肉痛を引き起こす疲労物質ではないことがわかってきた（八田 2001）。この乳酸がエクリン汗腺から分泌される汗に混じって皮膚表面に現れると，常在菌によって分解され，アセトインを経てジアセチルに変化する（**図 2.9**）。

ヒトは，胎内にいる時は，基本的に無菌的である。しかしこの世に生を受けると，周囲環境と接触する皮膚や粘膜の表面，あるいは肺や腸などの器官では，微生物が生息を開始する。皮膚には一定の微生物群が認められるようになり，この

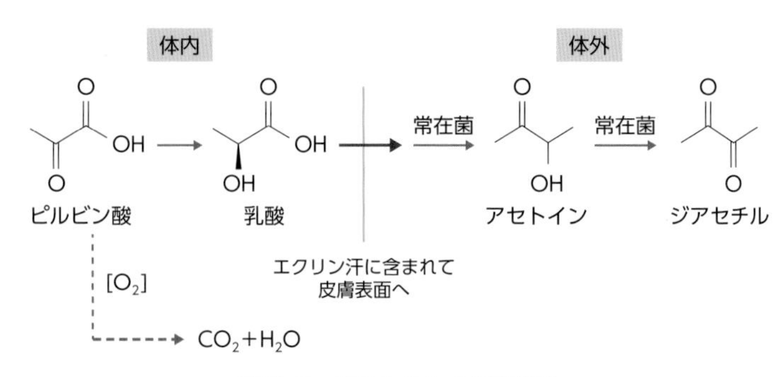

図 2.9 ジアセチルの生成経路

微生物の集団を広義の常在細菌叢（フローラ）と呼んでいる。微生物の大多数は細菌（バクテリア）であるが，そのほかに，真菌，放線菌，ウイルスなども存在する。常在細菌叢において，宿主と密接な共存関係をもつものを狭義の常在細菌叢，それを形成する細菌を常在菌と呼ぶ。また，宿主との共存関係が弱く一時的または特殊な状態でのみ生息するものを一過性細菌叢，それを形成する菌を通過菌と呼ぶ。

皮膚の常在菌には，表皮ブドウ球菌（*Staphylococcus epidermidis*），アクネ桿菌（*Propionibacterium acnes*），真菌類（カビや酵母）などがあり，多くは非病原性である。表皮ブドウ球菌は非病原性のグラム陽性菌であり，光学顕微鏡で観察すると，個々の菌の集合体がブドウの房のように見える。この菌は，皮膚表面や毛穴に最も多く生息し，皮脂や汗を餌にしてグリセリンと遊離脂肪酸を生成する。グリセリンは肌に潤いを与え，皮膚のバリア機能を保つ働きがある。また遊離脂肪酸は肌を弱酸性に保ち，アルカリ性を好む病原性の黄色ブドウ球菌（*S. aureus*）の増殖を防ぐ。

トリグリセリド→グリセリン＋遊離脂肪酸

アクネ桿菌は酸素を嫌う嫌気性菌であり，毛穴や皮脂腺に存在し，皮脂を餌にプロピオン酸などの遊離脂肪酸をつくり出すことで皮膚表面を弱酸性に保ち，病原性の強い細菌の増殖を防ぐ。ただし，皮脂の分泌量が増えたり，毛穴に詰まりが生じたりするとニキビの原因菌となる。マラセチア・フルフル（*Malassezia*

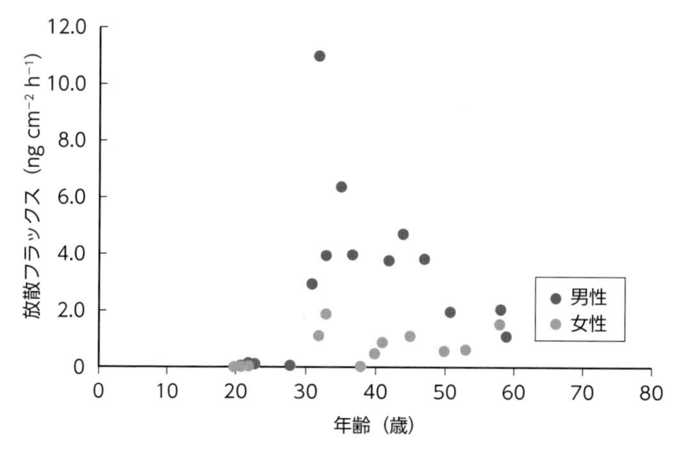

図 2.10 ジアセチル放散量と年齢・性別の関係
男性 14 人，女性 13 人，年齢 20～59 歳，皮膚ガス捕集：項部にて 7 時間。Kimura et al.（2016）より引用改変。

furfur）は，真皮の表層に生息する真菌であり，脂漏性皮膚炎，頭垢，癜風（でんぷう），白癬などの症状と関連する。

通過菌には，黄色ブドウ球菌，メチシリン耐性黄色ブドウ球菌（methicillin-resistant *S. aureus*, MRSA），緑膿菌（*Pseudomonas aeruginosa*），大腸菌（*Escherichia coli*），アシネトバクター・カルコアセティカス（*Acinetobacter calcoaceticus*）など病原性をもつものが多い。

ジアセチルの生成には，表皮ブドウ球菌などの常在菌が関与している。ジアセチルの皮膚放散量は，**図 2.10** に示すように男性と女性では異なる傾向があり，30～40 代の男性において多くなる傾向がある。このジアセチルが，なぜ中年男性に多いのかは未だ明らかになっていない。しかし，激しい運動を行い，かつ酸素供給が不十分な場合に前駆物質である乳酸が発生しやすいとすれば，仕事中に歩いて移動することが多い人，重い荷物を運んだりする人ほどジアセチルが発生しやすい可能性がある。

ジアセチルは，頭部や首筋など汗をかき

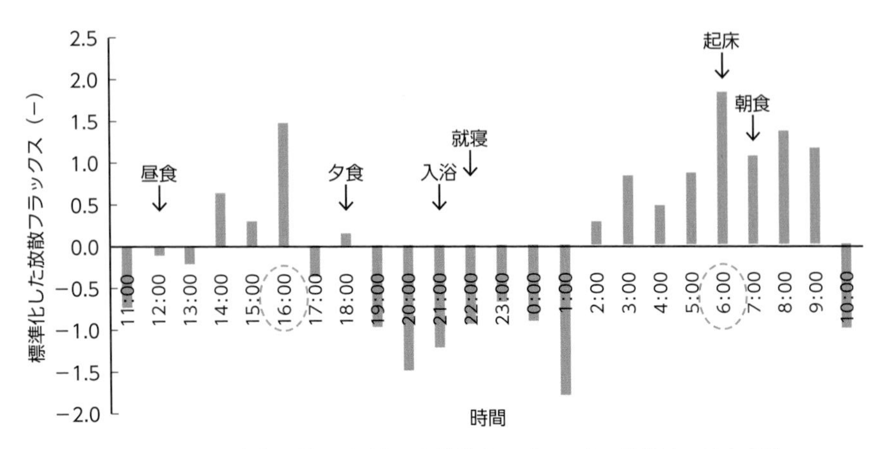

図 2.11 40 歳代男性の頭頂部から放散するジアセチル放散量の日内変動
各時間帯における被験者 7 人のジアセチル放散フラックスの平均値を標準化したもの。マンダム (2020) より引用改変。

やすい部位から比較的多く放散される。前額部と後頭部を比較すると，後頭部の方が多い傾向にあり，これは皮膚常在菌が活動しやすい毛穴や毛髪の影響が考えられる。

ジアセチルの放散量が 1 日の中でどのように変化するかを調べた例がある（マンダム 2020）。被験者は 40～45 歳の健常な男性 7 人（平均年齢 42 歳）であり，試験当日の朝は入浴を控えてもらった。午前 10 時に試験会場に集合し，試験の説明がなされたのち，午前 11 時から翌日 11 時まで，1 時間ごとに皮膚ガスを捕集した。皮膚ガスの捕集には PFS を用い，捕集部は頭頂部とした。被験者が就寝中は，起こさないように細心の注意を払いながら，試験者が PFS を 1 時間ごとに交換した。食事の時刻（昼食正午，夕食 19 時，朝食 7 時），入浴の時刻（21 時），就寝の時刻（22 時～6 時）は統一し，それ以外は会場となるホテル内で自由行動とした。ただし，発汗を伴うような激しい運動，入浴中の頭髪の洗浄は禁止とした。**図 2.11** は，増減傾向がわかりやすいように各時間帯における被験者 7 人のジアセチル放散フラックスの平均値を標準化 *3) して示したものである。

---

*3)：正規分布を仮定し，平均値 0，標準偏差 1 になるように変換する操作。データ群の中で，着目するデータが相対的にどの位置にあるかを示す。

興味深いことに，ジアセチルの皮膚からの放散量は一定ではなく，夕方16時と朝方6時に多くなる傾向がみられた。夕方に増加する理由として，身体活動に伴う乳酸の蓄積が考えられ，汗に含まれる乳酸がジアセチルに変化して皮膚ガスとして揮発し，かつ新たな乳酸の供給が少なくなるとジアセチルの放散量が減少するようである。一方，血中の乳酸値は入眠時に比べて起床時は減少することが知られている。これは就寝中に血中乳酸が除去されるためであり，血中の乳酸が睡眠中の発汗に伴い緩やかに皮膚表面に移行し，ジアセチルとして排泄されていると考えられる。このことから，皮膚から放散するジアセチルは，乳酸の産生・蓄積および除去のメカニズムを反映している可能性がある。

2.2.2 体臭認知の性差

ジアセチルは，皮脂臭や，飲酒や疲労に伴う他の皮膚ガス成分が混ざることによって，いわゆる中年男性特有のにおいになると考えられている。ただし，前述のように，嗅覚情報は感情や記憶と結びつきやすい。中年男性特有のにおいが，経済的・精神的に自立した働く男性のイメージと結びついている場合には，むしろ女性から好感をもたれることもあるようである。一般に，女性の方が男性よりもにおいに敏感であるといわれる。そこで筆者らは，男女3人（20代女性，30代男性および60代男性，臭気源者）の項部から放散されるジアセチルおよび2-ノネナールの放散フラックスを測定し，各臭気源者の項部から20 cm離れた場所からパネラー20人（20代男性10人，20代女性10人）がにおいを嗅いだ時の感覚量を測定した（**図2.12**）（島田ら 2016）。臭質表現として2-ノネナールは「油くさく青くさい」，ジアセチルは「発酵臭」とし，それぞれのにおいを感じた程度を6段階評価，すなわち無臭（0点），認知可能（1点），弁別可能（2点），楽に感知できるにおい（3点），強いにおい（4点），強烈なにおい（5点）で評価してもらった。

その結果，いずれの臭質に対しても男性よりも女性の方が認知および弁別可能な人数が多い傾向にあった。そこで，各評点に人数をかけ合わせて男女別に合計点を求め，2-ノネナールおよびジアセチルの放散フラックスに対してプロットしたところ，感覚量の総合得点は放散フラックスが高いほど高くなる傾向がみられ，また男性よりも女性の方が全般に高かった（**図2.13**）。男女差はジアセチルの臭質に対してより顕著であった。

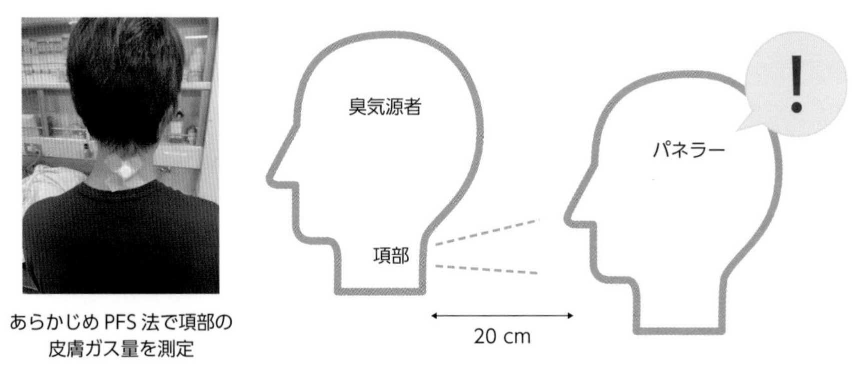

図 2.12 パネラーによる臭気源者からの臭質の評価方法

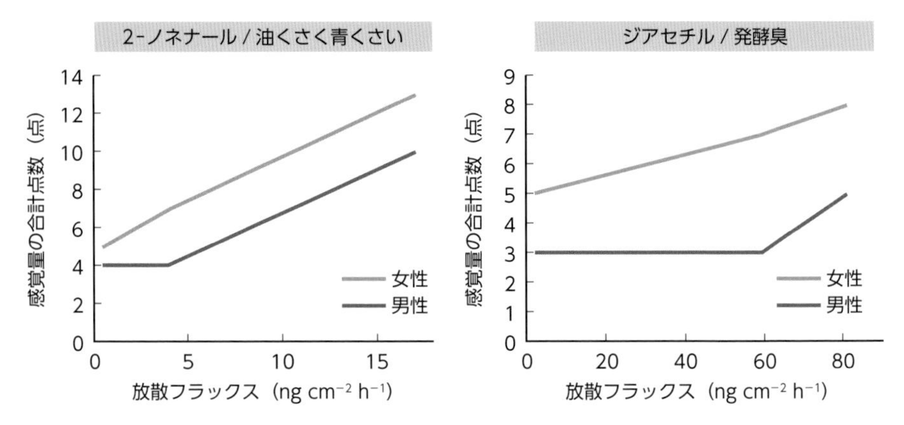

図 2.13 臭気源者の項部から放散する 2-ノネナールおよびジアセチルの放散量と男女パネラー各 10 人の感覚量の関係

なぜ女性の方が体臭に敏感なのだろうか。Oliveira-Pinto ら（2014）は，55 歳以上で亡くなった男性 7 人，女性 11 人を対象に嗅球の男女差を調査した結果，嗅球の重さは女性平均 0.132 g，男性平均 0.137 g で有意差はなかったが，全細胞数は女性平均 1620 万個に対して男性平均は 920 万個，ニューロンの数は女性平均 690 万に対して男性平均は 350 万であり，いずれも女性の方が有意に多いことを明らかにした。女性の生殖行動には嗅覚が関係し，たとえば血縁かどうかを判別するのに嗅覚を用いたため，進化の過程を通じて女性に受け継がれた能力であるとする説がある。Oliveira-Pinto らの調査結果は，この仮説を支持するものかもしれない。

2.2.3 中年男性臭の対策

中年男性臭の対策としては次のものがある。

①こまめに汗を拭く

汗中の乳酸がジアセチルの原料であることから，汗をこまめに拭き，入浴時は体をよく洗い，皮膚表面を清潔に保つことが近道である。男性サラリーマンの習性（？）として，飲食店で出されたおしぼりで顔や首筋を拭くことがある。食事マナーとしては議論の余地があるが，これは中年男性臭対策にはきわめて有効といえ，おそらく無意識に身につけた体臭対策なのかもしれない。

②換気をよくする

新型コロナウイルス感染症の対策として，密閉・密集・密接の三密（三つの密）を避けることが重要とされた。人が集まる場所での体臭対策も同様で，換気の悪い空間では体臭はこもりやすくなり，換気のよい空間でも互いに近づけば体臭を感じやすくなる。

そこで，室内空間において，ある男性がジアセチルを放散している場合，その人にどのくらいの距離まで近づくと中年男性臭を知覚できるかを推定してみた（計算方法の詳細はSekineら（2023a）参照）。ジアセチルは20～50代の男性頭部から放散していると仮定し，各年代の項部における放散フラックスを用い，①空調設備の整った換気のよいオフィスの場合，②換気の悪い締め切った自宅寝室にいる場合について，ジアセチルの拡散濃度を計算し，嗅覚閾値と比較した。**図2.14**に推定結果を示す。①の空調設備のあるオフィスの場合，ジアセチルの皮膚放散量が多い30～40代の男性であっても，「25 cm以上離れていれば」中年男性臭を感じることはないようである。一方，②の締め切った寝室の場合，30～40代の男性がいる場合には1 m以上離れても中年男性臭を感じる可能性があり，「寝室の扉を開いた途端に漂ってくる」ことが示唆された。これはあくまでも推定結果であるが，私たちの経験則に近いかもしれない。

他者が自分の体臭をどのように感じているのかは，自分が同じ量の皮膚ガスを放散していたとしても室内環境によって大きく異なる。もし職場や自宅の居室において，在室者の体臭が問題になることがあれば，換気を心がけ，なるべく空気

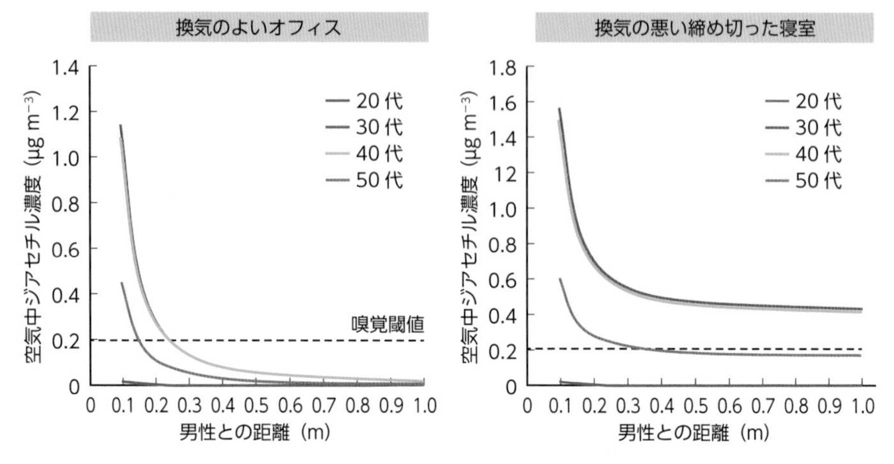

図 2.14 居室内の男性から放散されるジアセチルの拡散濃度と距離の関係（Near-Field Far-Field model による推定結果）
関根（2017）より引用改変。

が滞留しないように風通しをよくしたり，ファンなどで室内空気を撹拌したりするとよい。

③香水を使う

香水を使う場合，ジアセチルはヨーグルト様のにおいがあるため，フルーツの香り（マンゴー，パッションフルーツ，バナナなど）と相性がよいのでおすすめである。ただし，パウダリーな香り（粉おしろいの香り）やシトラス系ではマスキングができない。

2.3 疲労臭

2.3.1 アンモニアの放散

アンモニアは刺激臭のある無色の気体であり，尿のにおい成分でもある。皮膚から放散されるアンモニアのにおいは「疲労臭」とも呼ばれ，運動や労働などの身体への負荷，心理的なストレスの負荷によって増加する。

生体におけるアンモニアの産生機構は多種多様であるが，最も主要な機構の一つに，腸管におけるアンモニアの産生（渡辺・佐伯 1995, Mochalski et al. 2015）がある。**図 2.15** に模式的に示すように，食事に含まれるタンパク質やアミノ酸

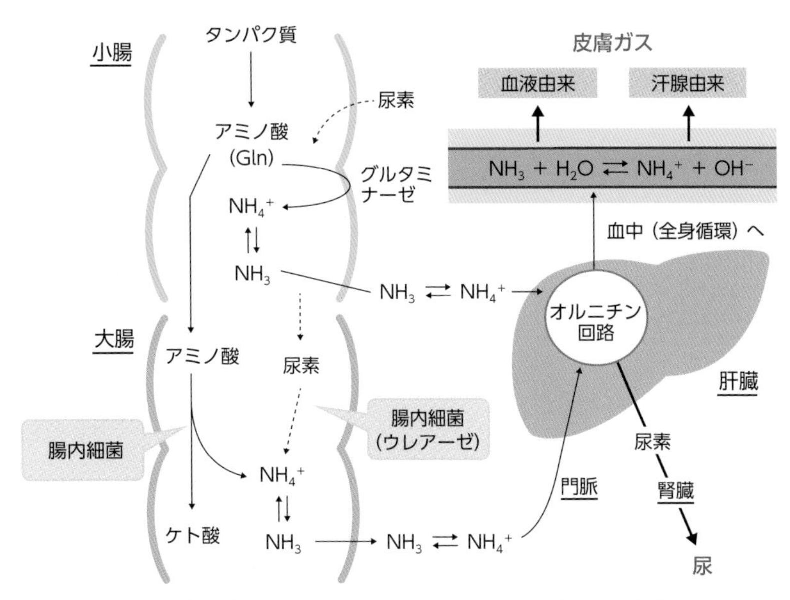

図 2.15　腸管におけるアンモニアの産生と皮膚からの放散

は，腸管内でアンモニアに分解され，門脈を通じて肝臓に送られる。この時，腸管を通過できるのは分子状のアンモニア (NH_3) のみである。アンモニアはヒトに対する毒性が高いため，肝臓のオルニチン回路（尿素回路）において大部分は尿素に変換され，この尿素は腎臓を通じて尿中に排出される。

$$\text{オルニチン} + CO_2 + 2NH_4^+ \rightarrow \text{尿素} + \text{オルニチン}$$

尿素に変換されなかったアンモニアは血中に移行する。血中に移行したアンモニアは，血液が全身を循環する過程において，血中から揮発して皮膚表面に移行し，皮膚ガスとして放散されるため，皮膚からのアンモニアの放散量は，血中アンモニア濃度に関連することが知られている (Nose et al. 2005)。

では，タンパク質を多く含む食品を摂取すると，アンモニアの皮膚放散量は増えるのだろうか。**図 2.16** は，健常ボランティア 4 人（男性 3 人，女性 1 人，20 歳代）が，カツオのたたき 140 g（タンパク質量約 34 g）を摂取した時の皮膚アンモニアの放散量の変化を調べた結果である。被験者は朝食を抜いた状態で試験に

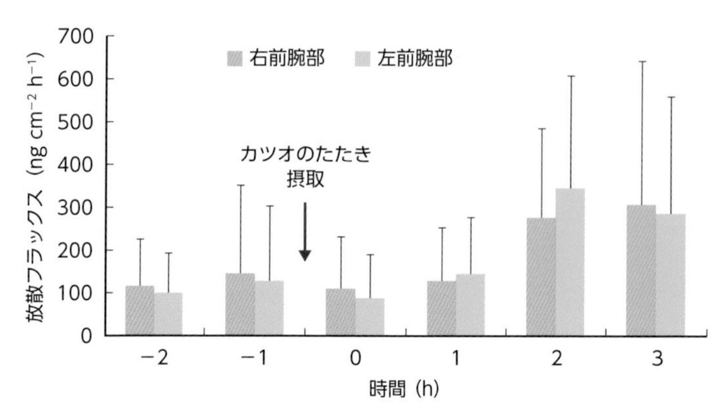

図 2.16　皮膚アンモニア放散量に及ぼすタンパク質含有食品摂取の影響
被験者４人，皮膚ガス捕集：左右の前腕部にて１時間。エラーバー：標準偏差。

参加し，カツオのたたきのみを摂取した。食品摂取前後，被験者の左右の前腕部にPFSを装着して，皮膚アンモニアを１時間ごとに捕集した。試験中，被験者は安静とした。皮膚アンモニアの放散量は，カツオのたたきを摂取後，左右の前腕部でともに増加して３時間後にピークに達した。この経時変化は，カツオのたたきが胃や腸で消化・吸収され，産生したアンモニアが全身の循環器系に移行し，血液由来で皮膚から放散されるプロセスに対応していると考えられる。ただし，タンパク質摂取による皮膚アンモニアへの影響には個人差があり，４人中１人は摂取後でも増加傾向を示さなかった。一方，被験者 10 人（男性７人，女性３人，24～43 歳）が，栄養補助食品であるプロテイン 28 g（タンパク質量約 20 g）を摂取したところ，少なくとも単回摂取では皮膚アンモニアの有意な増加は認められなかった。このことから，皮膚アンモニアはタンパク質に対する個人の消化・吸収能力や，食品自体の消化・吸収性を反映していると考えられる。

アンモニアは主として血液由来の皮膚ガスであるが，体表面のどの部位から発生しやすいのだろうか。調査のために筆者らは健常ボランティア 10 人（男性５人，女性５人，21～23 歳）を対象に，蔵澄ら（1994）の解剖学的分類を参考に，体表面 13 部位，すなわち頭部（前額），頸部（項部），胸部，腹部，背部，腰部，上腕部，前腕部，手掌部，臀部，上腿部，下腿部，足部（足底部）において，同時に皮膚アンモニアの測定を行った（Furukawa et al. 2017）。被験者は室内で安静とし，素足にサンダル履きとした。**図 2.17** に，各部位におけるアンモニアの皮膚

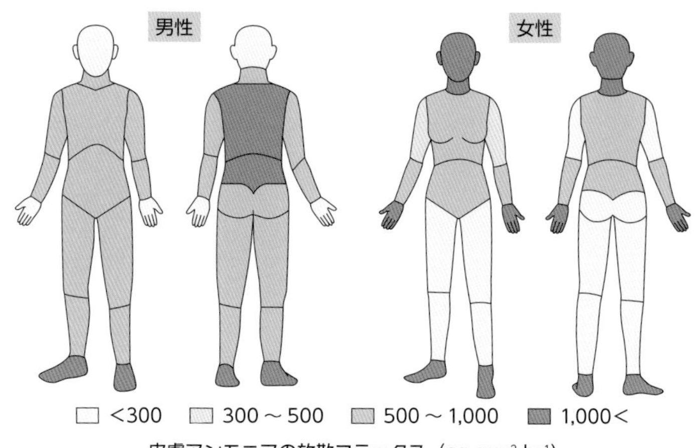

図 2.17 皮膚から放散するアンモニアの全身分布
男女各 5 人，捕集時間 1 時間。

放散量を男女別に示す。男女ともに足底部が最も高く，頭部・頸部・手掌部は女性の方が，背部・上腿部・下腿部は男性の方が高い傾向がみられた。

ここで得られたアンモニアの放散フラックス（ng cm^{-2} h^{-1}）に各部位の体表面積（cm^2）を乗じて放散速度（ng h^{-1}）を求め，これらを積算して全身放散速度を求めると，平均値は 5.9 ± 3.2 mg h^{-1} となり，1 日当たりに換算すると 0.14 g d^{-1} となった。尿からの尿素の排泄量は 1 日当たり約 30 g である。また，呼気からもアンモニアは排泄される（Mochalski et al. 2015）。これらの経路からの排泄量を窒素原子に換算するとおよそ次のようになる。

尿　0.5　mol d^{-1}
皮膚　0.0083　mol d^{-1}
呼気　0.000014 mol d^{-1}

皮膚からの排泄量は，尿から排泄された量の 1.6% に相当し，窒素排泄の総量からみると比較的少ない。しかし，尿の排泄が間欠的であるのに対し，皮膚からは常に放散されており，皮膚はアンモニアのような有害化学物質の排泄臓器であることがわかる。一方，呼気からのアンモニア排泄量は，相対的にきわめて少ない。これは，呼気よりも皮膚から放散するアンモニアの方が室内環境の臭気源として重要であることを意味している。では，皮膚から放散するアンモニアの量は，なぜ尿素として排泄された量の1.6%に相当するのだろうか。

血中のアンモニア（NH_3）は，アンモニウムイオン（NH_4^+）と電離平衡の関係にある。

$$NH_3 + H_2O \leftrightarrows NH_4^+ + OH^-$$

血液のpHを生理的条件下である7.4，アンモニアの解離定数pK_aを9.1～9.2とすると，血中のアンモニウムイオンとアンモニアのモル濃度比はおよそ98：2となる。この比率は，上記の尿中尿素と皮膚アンモニアのモル比とほぼ一致する。アンモニアは揮発性を有するが，アンモニウムイオンは揮発性を有しない。アンモニウムイオンは不感蒸泄（じょうせつ）*4)によって皮膚表面に浸透してくる可能性はあるが，通常皮膚表面は弱酸性であり，酸によって中和されるため放散することは少ない。よって，安静時における皮膚アンモニアの放散は，血中の分子状アンモニア濃度を反映しているのである。ただし，汗は血漿が原料であり，発汗時に血中アンモニアが汗腺を通じて皮膚表面から放散されることもあり，各放散経路の寄与度は，体表面の部位や環境条件によって異なる。

運動生理学の分野では，従来，運動負荷に伴い血中アンモニア濃度が増加することが知られている。血中アンモニアは血液脳関門を通過して抹消性および中枢性疲労をもたらし，筋力低下，運動障害，昏迷，失調などを引き起こす可能性があるので，運動性疲労の指標になると考えられている。運動負荷時のアンモニア産生には，プリンヌクレオチド回路が関与し，運動のためエネルギー源として利用されたATPは，アデノシン一リン酸（adenosine monophosphate, AMP）に分解される。このAMPが脱アミノ酵素の作用によりイノシン酸（inosinic acid/inosine monophosphate, IMP）に脱アミノ化される際，アンモニアが産生される（渡辺 1995）。

$$ATP + H_2O \rightarrow AMP + \text{リン酸（エネルギー獲得）}$$
$$AMP + H_2O + H^+ \rightarrow IMP + NH_4^+ \text{（脱アミノ化）}$$

---

*4)：目に見える発汗以外の皮膚および呼気からの水分喪失。

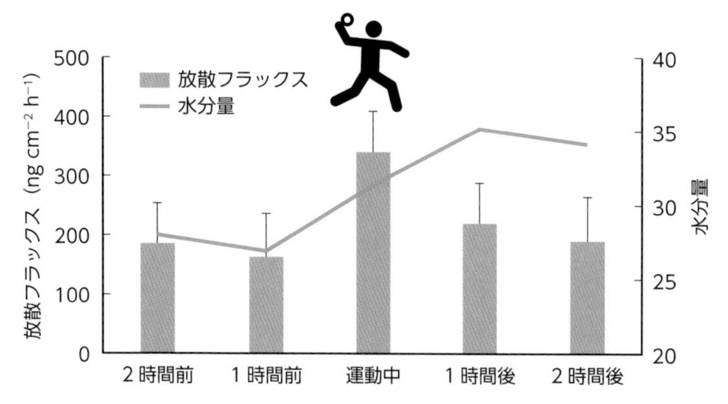

図 2.18 皮膚アンモニア放散量に及ぼす運動負荷の影響
被験者6人，皮膚ガス捕集：前腕部にて1時間，運動負荷：キャッチボール。エラーバー：標準偏差。

生成したアンモニアが筋肉組織から血中に移行すると，一時的に血中アンモニア濃度が増加して皮膚アンモニアの放散量が増加する。**図 2.18** は，健常ボランティア6人（男性4人，女性2人，21～22歳）がキャッチボールを1時間行った時の皮膚アンモニア放散量の経時変化である。同時にポータブル水分計を用いて皮膚水分量を測定した。皮膚水分量は運動中だけでなく運動後にも高値を示し，発汗が認められた。その一方で，皮膚アンモニアの放散量は，運動中に有意に増加し，運動終了後は運動前のレベルに速やかに低減した。このことから，皮膚アンモニアの放散量の増加は単に発汗量の増加に伴うものではなく，筋肉組織におけるATPの利用に伴い産生したアンモニアの増加量を反映したものと考えられる。

図 2.19 は，健常ボランティア1人（男性，22歳）が，右腕で重量3kgのバーベルを15分間上下運動させ，運動前，運動中および運動後にアンモニアの皮膚放散量を左右の前腕部で測定したものである。捕集時間は15分とし，試験は再現性を確認するため繰り返し7回行った。運動負荷を与えた右前腕部では，運動中に放散量が顕著に増加したのに対し，運動負荷を与えていない左前腕部では，運動中の増加が認められず，1～2時間後に遅れて増加および低減が認められた。このことにより，運動負荷が局所的であれば，皮膚アンモニアの放散はまず局所的に生じ，その後全身に広がっていくものと考えられる。

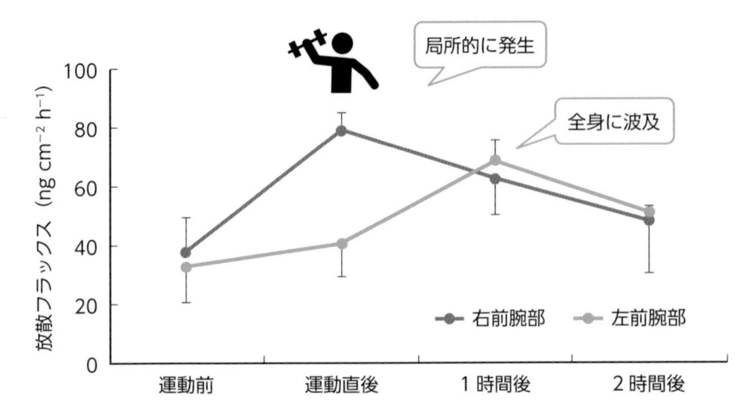

図 2.19 皮膚アンモニア放散量に及ぼす局所運動負荷の影響
男性１人，右腕のみに運動負荷，７回試験の平均値。エラーバー：標準偏差。

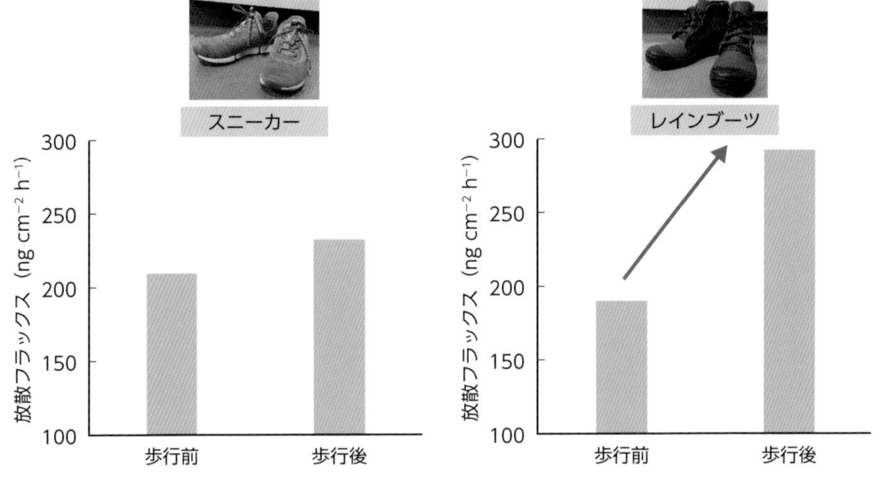

図 2.20 歩行前後の足底部におけるアンモニア放散量の変化
女性１人，皮膚ガス捕集：足底部の足心にて１時間，３回試験の平均値。

足底部からのアンモニアの放散量が多い理由として，足底部の皮下には血管が多数分布していること，また足底は体を支える部位であり，体重による圧力負荷がかかりやすいことが挙げられる。**図 2.20** は，健常ボランティアの女性１人（25歳）が 30 分間歩行した前後での足底部からの皮膚アンモニア放散量の変化を調べたものである。普段履きなれている運動靴を着用した場合，放散量はほとんど変化がなかったのに対し，雨の日など時々しか使用しないレインブーツを着用した場合は著しく増加した。普段使用しない靴の場合，足にかかる圧力の分布が変化し，いつも以上に足が疲労したことがわかる。

以上のことから，皮膚アンモニアは全身性または局所的な運動性疲労の指標として有用である。一方，運動中に皮膚アンモニアの放散量が減少する被験者が存在することがある。このような被験者は，日常から運動習慣を有しており，皮膚ガス測定のために安静を強いられることが心理的ストレスになり，運動することによってストレスが解消されるようである。すなわち，心理的ストレスも皮膚アンモニアの放散を助長する原因と考えられる。

ヒトの自律神経系は生体の恒常性（ホメオスタシス）の維持に重要な役割を果たし，交感神経系と副交感神経系から構成されている。ストレス刺激には，熱や音などの物理的要因，経済や人間関係などの社会的要因，さらに内的な要因として緊張や不安などの心理的要因，疲労や疾病などの身体的要因がある（**図 2.21**）。ストレス刺激により交感神経が優位になると，生体側の防御反応として心拍数，呼吸数，血流量などが増大し，血圧も上昇する。また，副交感神経の支配を受ける消化器系の働きは低下することが知られている。皮膚アンモニアの放散量は，交感神経が優位な時に増加し，副交感神経が優位になると減少する。

筆者らは，健常ボランティアを対象に内田クレペリン検査を課し，心拍数および皮膚アンモニアの放散量を測定した。内田クレペリン検査は，性格検査・職業適性検査の一種であり，単純な計算を課すことにより，疲労効果が生じることが

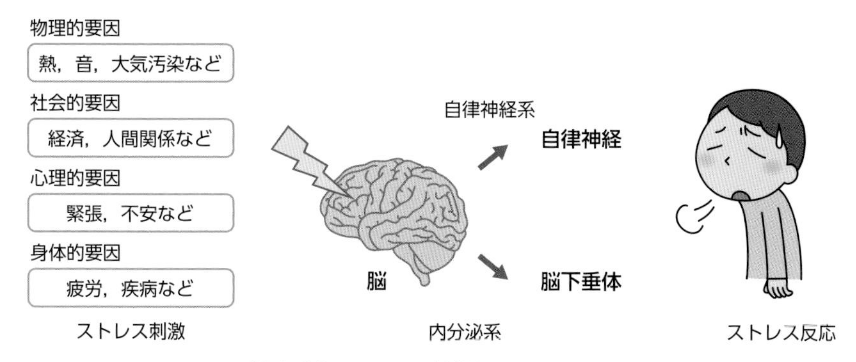

図 2.21　ストレス刺激とストレス反応

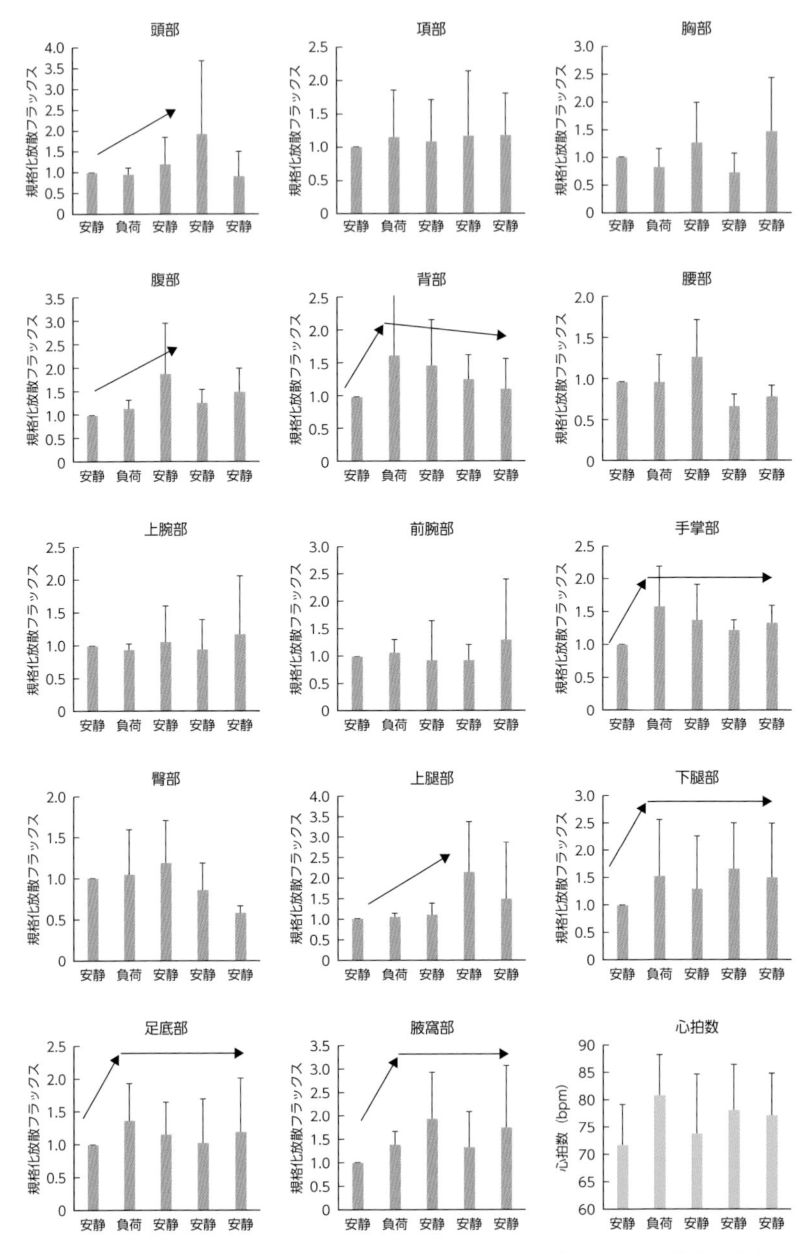

図 2.22　心理的ストレス負荷に伴う皮膚アンモニア放散量および心拍数の変化
被験者 3 人。

実証されている。捕集部位は14部位とし，それぞれの部位にPFSを20分間取り付け，皮膚ガスを同時捕集した。捕集はストレス負荷前1回，負荷中1回，負荷後3回の計5回とした。なお，ホラー映画を観て，怖がる人とまったく怖がらない人がいるように，同じストレス負荷を与えても被験者によって応答の仕方が異なる。そこで，心拍数の増減を指標に，ストレス応答を示した被験者3人（男性，21～23歳）の測定結果を**図2.22**に示す。増減の傾向がわかりやすいようにストレス負荷前の初期放散フラックスを1として各測定値を規格化した。皮膚アンモニアの放散量は多くの部位で増加したが，その変化のしかたは部位によって異なった。

背部，手掌部，下腿部，足底部，腋窩部では，ストレス負荷中に放散量が増加し，その後減少または同等レベルを維持した。手掌部は精神的な緊張や情緒的興奮によって引き起こされる精神性の発汗量が多い部位としてよく知られており，これらアンモニア放散量の増加は，精神性発汗に伴って増加したものと考えられる。頭部（前額），腹部，上腿部は緩やかに上昇，その他の部位は顕著な変化はみられなかった。このように，心理的ストレス負荷により，皮膚アンモニア放散量は増加するが，全身で一律に増加するわけではなく，増加しやすい部位が存在することがわかった。

以上のように，皮膚アンモニアは，身体的および精神的な「疲労」に伴い，主として血液由来で放散され，また足底部からの放散が比較的多い。血液由来の皮膚ガスは，皮膚表面を洗っても落ちない。お風呂で足を洗ってもツーンとする刺激臭がある時は，このアンモニアが発生している可能性がある。

2.3.2　疲労臭の対策

疲労臭の対策としては次のものがある。

①肉や魚に偏った食事をしない

タンパク質は体内に吸収され，アミノ酸に分解される過程でアンモニアが生み出される。そのため個人差はあるが，肉や魚に偏った食事をしていると疲労臭の原因になるので，バランスのよい食事を心がけたい。

②オルニチン摂取

オルニチンはアミノ酸の一種で，アンモニアを尿素に変換するオルニチン回路を構成する物質の一つである。シジミやブナシメジに多く含まれ，たとえばこれらを食材とする味噌汁を摂取すると，肝臓でのアンモニアの解毒が促進されると考えられている。ただし，シジミの味噌汁に含まれるオルニチン量では，その影響は限定的である。

③毎晩入浴する

普段の入浴は，シャワーを浴びるだけでなく，湯船に浸かることが大切である。お湯の温度は38～42℃程度で，自分が「気持ちいい」と感じるお湯に浸かることによって筋肉の疲労がとれ，また精神的なストレスも緩和されることが期待される。湯船に15～20分浸かると体温は約1℃上昇し，そこから30分～1時間かけて体温は下がっていく。ヒトは，体温が下がる時に入眠しやすいことがわかっており，湯船に浸かることは，睡眠不足の改善にも有用である。

④腸内環境を改善する

腸内環境の改善が，皮膚アンモニアの放散を抑制することがわかった。ラクチュロースは牛乳に含まれる乳糖を原料にしてつくられる二糖であり，胃や小腸では消化・吸収されず，大腸に到達してビフィズス菌（善玉菌）に栄養源として利用される。ビフィズス菌は，腸内で乳酸および短鎖脂肪酸（short-chain fatty acids, SCFA）（酢酸，プロピオン酸，酪酸など）を産生する。筆者らは，これら大腸内で生成する酸は腸内を酸性側に傾け，アンモニアを中和し，腸管から通過する分子状アンモニアの量を抑制できるのではないかと考えた。そこで，健常者12人（男性7人，女性5人，22～52歳）にラクチュロース粉末を1日4g，2週間摂取してもらい，朝（起床直後）および夜（就寝前）に1時間，前腕部にて皮膚ガス捕集を行った。**図2.23**に，朝に測定した皮膚アンモニア放散量の経時変化を示す。ラクチュロース摂取前に比較して，摂取後8日目から皮膚アンモニア放散量には有意な減少が認められ，15日後には摂取1日前に比べて17%（83%減）となった。夜に捕集した試料の測定値も同様の傾向を示した。

図2.24は皮膚アンモニア放散量と便中ビフィズス菌数の関係である。便中ビフィズス菌数増加に伴い皮膚アンモニア放散量は減少する傾向が見出された。ラクチュロース入りのヨーグルトやシロップは，スーパーマーケットや通信販売でも入手可能である。

食物繊維も善玉菌を増やすのによいとされる。食物繊維も小腸で消化・吸収さ

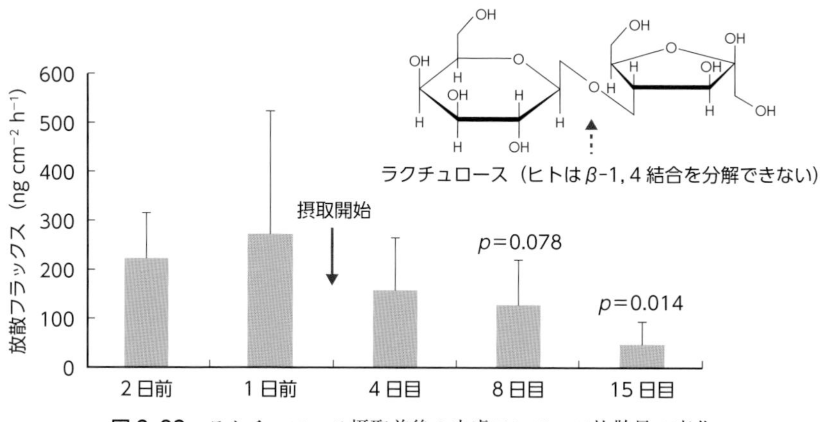

図 2.23　ラクチュロース摂取前後の皮膚アンモニア放散量の変化
朝の測定値，被験者12人，摂取1日前を対照に有意差検定。Sekine et al.（2020）より引用改変。

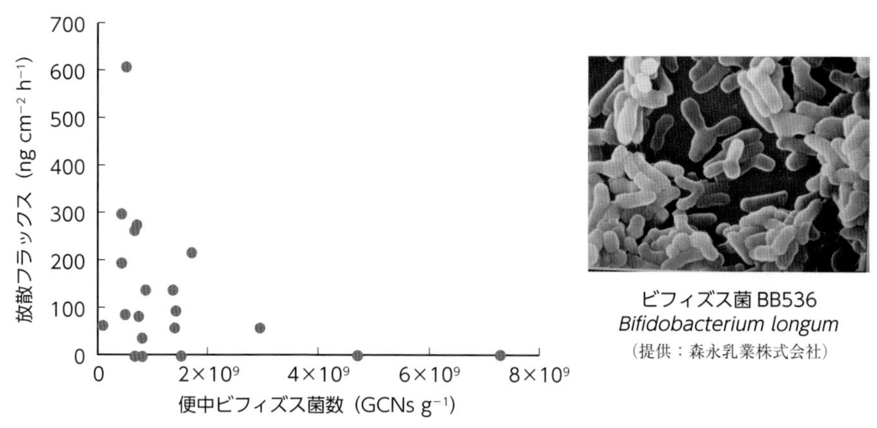

図 2.24　便中ビフィズス菌数と皮膚アンモニア放散量の関係
GCNs g^{-1}：16 S rRNA gene copy numbers (GCNs) of bifidobacteria per gram of faeces. Sekine et al.（2020）より引用改変。

れずに大腸まで到達する食品成分であり，善玉菌（ビフィズス菌や乳酸菌）の割合を増やし，腸内環境を正常に整える作用がある。食物繊維は，主に穀物，芋，豆，野菜，果物，海藻・キノコ類などに多く含まれており，特にコンニャク，アラゲキクラゲ，テングサなどは，食物繊維を豊富に含む食材のトップに挙げられる。

⑤ミョウバン水を用いる

皮膚から放散するアンモニアは衣服にも染みつき，衣服からも疲労臭が発することがある。この時，水に溶けると酸性を示すミョウバン *5) を使うとよい。ミョウバンを溶かした水をスプレーボトルに入れて衣服に吹きかけると，疲労臭を抑えることができる。ミョウバン水のつくり方は簡単で，焼ミョウバン（ミョウバン無水物）50 g を水道水 1.5 L に溶かし，透明になるまで 1～2 日そのまま放置する。この原液を 20～50 倍に希釈して使用する。予防的に噴霧しておくだけでなく，においが気になったらこまめに噴霧してもよい。

⑥香水を使う

香水を用いる場合，フローラルやパウダリーの中でも長時間持続するしっかりしたものがよい。シトラス系は，最初はよいが，後からかえってアンモニア臭を目立たせる。

2.4　汗臭

2.4.1　汗が臭くなる原因

汗のにおい（汗放置臭）は，最も代表的な体臭の一つである。ヒトの皮膚表面には，化学物質を分泌するエクリン汗腺，アポクリン汗腺，皮脂腺がある。この中で，汗を分泌するのはエクリン汗腺とアポクリン汗腺であり（**図 2.25**），ここではエクリン汗腺に関連し，汗をかいて放置した時に生じる汗臭について述べる。

エクリン汗腺は，口唇や瞼を除く身体の大部分に分布し，一生にわたって活動する。エクリン汗腺の数には個人差があり，約 200 万～500 万個といわれている。汗腺は手掌部，足底部，顔に比較的多く分布し，1 cm^2 当たり約 300 個存在する。腋窩，頬，頸部には 1 cm^2 当たり 100～200 個と個人差が大きい。ただし，これらの汗腺が常に働いているわけではなく，活動している「能動汗腺」と，活動していない「休眠汗腺」がある。生まれたての赤ちゃんは，出生後 3～5 日後に手掌部と足底部以外から発汗できるようになり，手掌部と足底部は 1～3 か月後に発汗できるようになる（菅屋 2017）。汗腺の能動化はおよそ 2 歳半まで続き，この間の暑熱環境によって能動汗腺の数は決まる。すなわち，熱帯地方など温暖な環境で育つと能動汗腺の数は増え，寒冷地に住んでいると少なくなる。日本人の

*5)：食品分野では，甘露煮の煮崩れやウニの型崩れを防止するのに使用される。

場合，能動汗腺数は約 230 万個といわれているが（菅屋 2017），近年は住まいの温熱環境も急激に変化しており，能動汗腺／休眠汗腺の割合が変化している可能性がある。

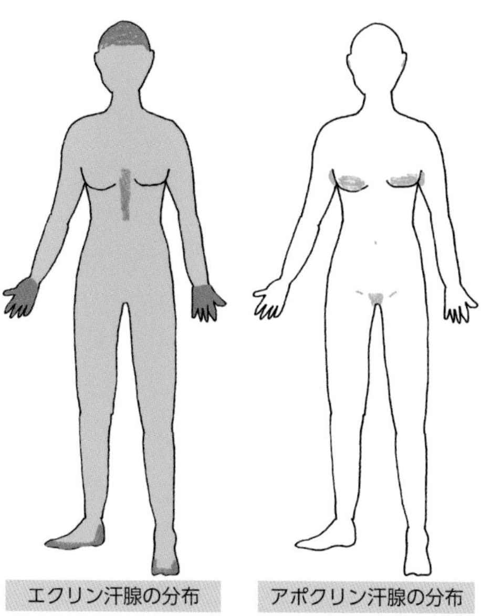

エクリン汗腺からの発汗には，次の 3 種類がある（**図 2.26**）。

①温熱性発汗：暑い時や運動時に体温調節のために行われる発汗。汗の水分が蒸発する時，皮膚表面から気化熱に相当する熱を奪う。その結果，体温が一定に保たれる。

エクリン汗腺の分布　アポクリン汗腺の分布

図 2.25　エクリン汗腺およびアポクリン汗腺の分布

②精神性発汗：恐怖や緊張感を覚える心理的ストレスに反応して手掌部や足底部で生じる発汗。いわゆる「手に汗を握る」状態である。

③味覚性発汗：辛いものや刺激の強いものを食べると体温が上昇し，鼻や額に顕著に生じる発汗。

すなわち，私たちが日常的に感じる汗の多くは，エクリン汗腺からの汗である。エクリン汗腺から出る汗の 99% 以上は水であり，もともと汗はほとんど臭わ

図 2.26　エクリン汗腺からの発汗の種類（イラスト：柿島百花）

ない。しかし，汗の水分には，塩分（ナトリウムイオン，カリウムイオン，塩化物イオンなど），ブドウ糖，アミノ酸，乳酸や尿素などの微量成分が含まれており，このような微量成分が皮膚表面に分泌され，時間が経って皮膚常在菌が作用することにより，不快なにおいのする皮膚ガスに変化する。2.2 節で述べたジアセチルは乳酸の分解物であり，30～40 代の男性に特徴的な汗臭の一種であるが，年齢や性別に関係なく発生する皮膚ガスがある。その代表的なものとして，イソ吉草（きっそう）酸（別名 3-メチルブタン酸）やイソ吉草酸アルデヒドが挙げられる。

イソ吉草酸は「蒸れた靴下のようなにおい」と表現され，また嗅覚閾値は 0.000078 ppm ときわめて低いため，ごくわずかに発生しても嗅覚で感知されやすい。また，イソ吉草酸アルデヒドは，「むせるような甘酸っぱい焦げたにおい」と表現され，嗅覚閾値は 0.0001 ppm である。いずれも悪臭防止法[*6)]で定める特定悪臭物質である。汗には皮脂や垢（古い角質が剥がれ落ちたもの）が混ざっており，原料となる化学物質の同定は容易ではないが，アミノ酸の一種である L-ロイシンは，これらイソ吉草酸およびイソ吉草酸アルデヒドの有力な原料の一つである。

L-ロイシン　—常在菌→　イソ吉草酸　イソ吉草酸アルデヒド

図 2.27 は，女性 8 人がそれぞれ異なる種類の靴を履いて，屋外を約 2 時間歩行し，歩行前後で足底部の皮膚表面から放散するイソ吉草酸を測定した結果である。本革製のビジネスシューズやレザーブーツ，布製のローカットスニーカーを着用した場合は，歩行後の放散量の増加はわずかであったが，足に密着するバスケットシューズ，人工皮革のミドルブーツやハイヒール，膝まですっぽり入るニーハイブーツやムートンブーツでは，イソ吉草酸の皮膚放散量は顕著に増加し

*6)：悪臭防止法は，規制地域内の工場・事業場の事業活動に伴って発生する悪臭について必要な規制を行うこと等により生活環境を保全し，国民の健康の保護に資することを目的とする法律である。特定悪臭物質とは，不快なにおいの原因となり，生活環境を損なうおそれのある物質であって政令で指定するものをいう。2023 年 12 月現在，22 物質が指定されている。

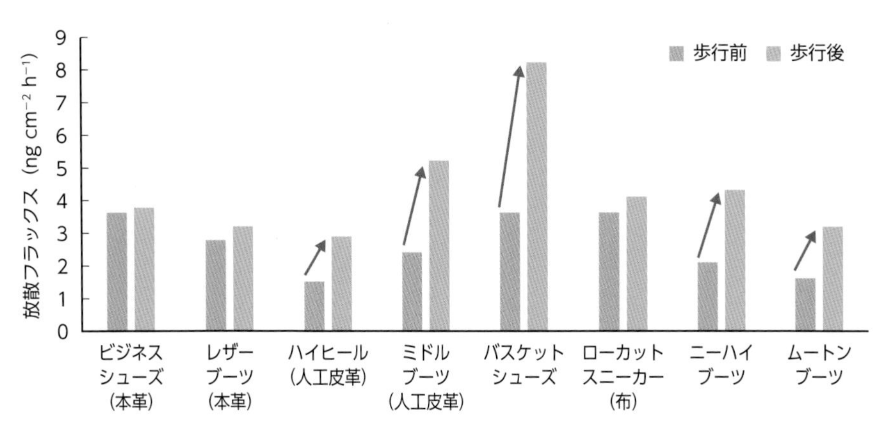

図 2.27　歩行前後の足底部から放散されるイソ吉草酸の量に及ぼす靴の影響
女性 8 人，屋外歩行 2 時間，皮膚ガス捕集：足底部にて 1 時間。

た。この理由は，皮膚常在菌が「蒸れた環境」を好むためであり，通気性の悪い靴，汗の水分を逃しにくい靴を履くと，汗臭が強くなりやすい。

また，皮膚常在菌は「ベトベトした汗」を好む。汗は血液の血漿が原料となる。体温が上昇すると，血液の成分が汗腺に取り込まれる。ただしこの時，ナトリウムイオンなどの塩分は体にとって必要な栄養素なので，濾過されて血液に再吸収される（**図 2.28**）。その結果，水分とわずかなミネラル分を含むサラサラの汗となる。少量の塩分しか含まないサラサラした汗は蒸発しやすく，皮膚に残る塩分量も少ない。しかし，大量に汗をかくと，再吸収が追いつかなくなり，汗の量が増すにつれて次第にベトベトした汗になる。塩分濃度の高いベトベトした汗は乾きにくいため [*7)]，皮膚表面や頭髪，あるいは衣服に長時間残留する。通常汗は弱酸性であるが，汗の量が増えると酸を中和する炭酸水素イオン（HCO_3^-）も再吸収されにくくなり，排出された直後の汗は塩基性に傾くことがある。ただし，皮膚表面には皮脂から生成する遊離脂肪酸も存在することから，皮膚表面の汗の pH を測定しても塩基性を示すことはまずないが，通常の pH 約 5 よりは塩基性側に傾くことがある。皮膚常在菌はこのような環境を好む傾向があり，皮膚常在菌の活動や繁殖が盛んになり，汗中成分の分解が助長され，汗臭が強くなる。

---

*7)：ラウールの法則：不揮発性の溶質（塩分）が溶媒（水）に溶けると溶液の蒸気圧が下がる。

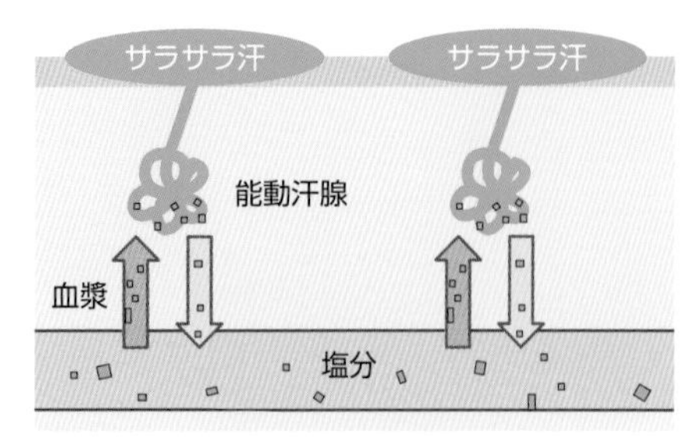

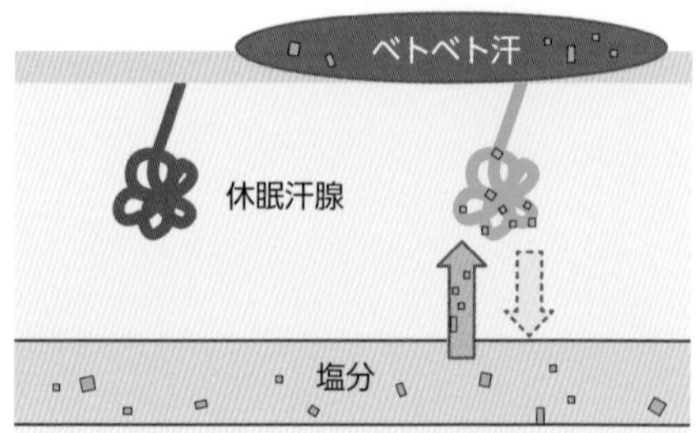

図 2.28 サラサラ汗とベトベト汗の生成メカニズム

ベトベト汗になるもう一つの要因として，休眠汗腺がある。もともと働く能力のある能動汗腺も，冬の寒い時期や普段から汗をかく習慣がない人の場合，一時的に休眠してしまうことがある。夏でもエアーコンディショナー（エアコン）の利いた部屋に長くいると，一時的な休眠汗腺の割合が増えてしまう。このような状態で，急に激しく動く，あるいは暑い場所に出た時は，一部の能動汗腺からまとめて汗が出るため，ナトリウムイオンなどの塩分を多く含んだ「ベトベト汗」になってしまう。冬の間，汗をかくことが少ない人はベトベト汗になりやすく，春先は汗臭の要注意時期である。また春は新しい生活がスタートする時期であり，新しい環境に対して緊張や不安を覚えると交感神経が優位になり，精神性発汗が生じることがある。このような状況では，アンモニアによる疲労臭も発生しやすくなる。

ところで，体の部位には汗をかきやすい部位とかきにくい部位がある。発汗量は，汗腺の数とあまり関係がなく，汗腺の能力に部位差があるためと考えられる。**図 2.29** にいくつかの部位における体温と発汗量の関係を示す（菅屋 2017）。汗は，汗が出始める体温（閾値体温）を超えると生じ，その後は体温の上昇に比例して発汗量は増加する。図中の各直線と横軸の交点が閾値体温に相当し，背部や腹部は閾値体温が正常体温（36.2～36.6℃）よりもやや高く，その後の発汗量の増加が大きい。前胸部や前腕部は，閾値体温が若干高めであるが，その後の増加は緩やかである。一方，前額部や腋窩部は正常体温でも発汗が生じるが，その後の増加はきわめて少ない。すなわち，通常の室内環境条件（25℃前後）で正常体温の時，顔や脇の下などからは発汗が生じるが，その他の部位では，汗はかかないのである。

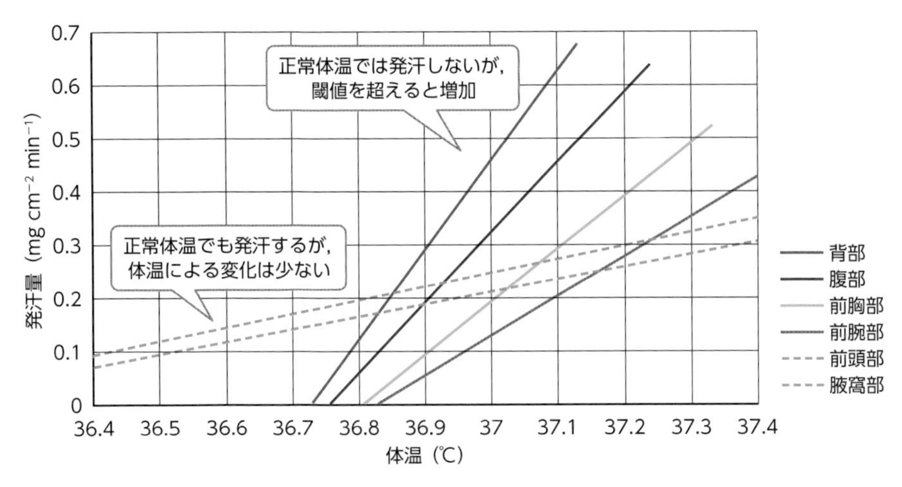

図 2.29　発汗量の部位による違い
菅屋ら（1981）より一部引用改変。

2.4.2　汗臭の対策

汗臭の対策としては次のものがある。

①汗はウェットなもので拭く

汗をかいたら，濡れたハンカチやタオル，汗拭きシートでこまめに拭く。乾いたもので拭くと，確かに皮膚上の汗をよく吸い取ってくれる。しかし，汗は体を冷やすためにかくのであり，体が十分に冷えていない時は再び汗が出てきてしまう。濡れたもので拭き，皮膚表面をウェットにすることが近道である。

②汗腺を衰えさせない

日頃から汗をかく習慣を身につけ，サラサラの汗をかくようにし，汗腺を衰えさせないようにする。たとえば，朝にウォーキングなどをして汗をかき，入浴やシャワーを浴びてから出勤・登校するとよい。また，入浴時に汗をかくまで湯船に浸かるのもよい。入浴はストレス緩和にも有効である。汗腺トレーニングが特に必要な人には，次の方法がある。

a.　入浴法（五味 2011）（**図 2.30**）

湯船の 1/3～1/2 まで 43～44 ℃の熱めのお湯を入れ，ひざ下とひじ先を 10～15 分浸ける。手足には一時的に休眠している汗腺が多いので，これを目覚めさせる。次に湯船に水を足して 36～37 ℃くらいにし，全身または半身浴を 10

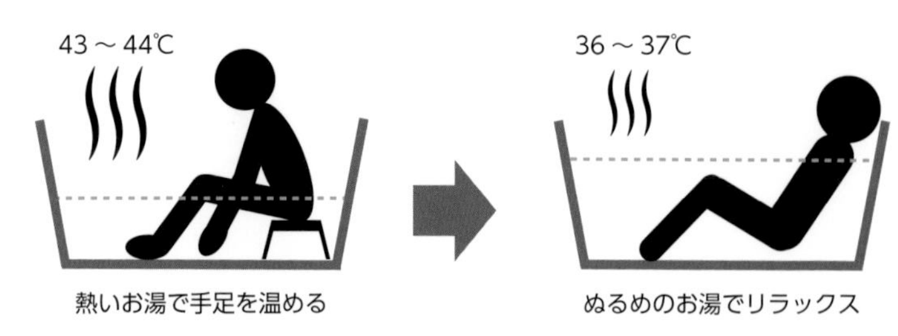

図 2.30　入浴法による汗腺トレーニング

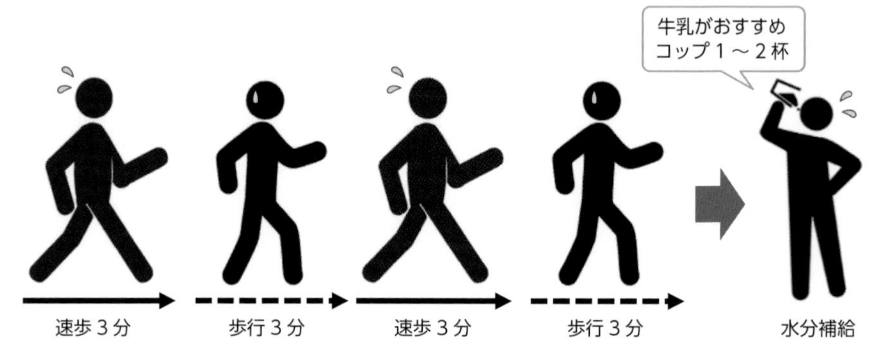

図 2.31　インターバル足歩による汗腺トレーニング

～15 分行い，高温で高まった交感神経を鎮め，リラックスする。

b.　インターバル足歩（能勢 2007）（**図 2.31**）

早歩き（速歩）とゆっくり歩きを交互に 3 分間ずつ行う運動。これを 1 セットとし，1 日 5 セット以上，週 4 日以上を目標にする。速歩は，視線は約 25 m 先を見て背筋を伸ばし，普段より大股で，少し息が弾む程度に行う。速歩により筋肉が鍛えられ，血流がよくなり，汗の量も増える。運動に慣れていない人は，歩行の代わりに立ち止まってもよい。また，運動後の水分補給には牛乳がおすすめである。牛乳など乳製品に含まれるタンパク質は，血液をつくるのに必要なアルブミン *8) の材料となり，より発汗しやすくなる。

③制汗剤を使う

制汗剤は製品によって成分が異なるが，皮膚常在菌の殺菌剤，汗を吸収する乾

---

*8)：アルブミンは，血漿タンパク質の約 60％を占める。水分を保持し，血液を正常に循環させる浸透圧の維持，および体内物質を目的組織に運ぶ運搬作用がある。

燥剤，汗の分泌を抑制する塩化アルミニウムなどが配合されている。大事なミーティングやデートの前など，どうしても汗臭を抑えたい時には使用するとよい。ただし，発汗は体を正常に保つ大事な機能なので，使いすぎには留意したい。

④香水を使う

スパイシーな香り，森林調の香りなど，ミドルノート*9) のしっかりとした香りがおすすめである。シトラス系の香りはかえって汗臭を目立たせる場合が多い。また，シトラス系の香水は持続力がないので，放置した汗臭が続く場合にはマスキングが難しい。また，甘い香りも向かない。

靴を履いた時の足のにおい対策も重要である。靴を履いた時に「蒸れ」が生じると，皮膚常在菌の働きが活発になり，イソ吉草酸などにより強烈なにおいとなる。足のにおい対策で大事なのは，足の清潔を保つことである。余分な角質は常在菌の餌になるので，時々ケアするのがよい。さらには，靴選びも重要である。足から出た汗を早く逃がし，蒸れた状態をつくらないことが大事である。**図 2.27** に示すように，本革や布製の靴は比較的蒸れにくい。また，足だけでなく汗臭がこびりついた靴もケアしたい。靴に関しては，できれば次のように対策したい。

1. 靴は最低 2 足用意してローテーションする。
2. 臭くなった靴に対しては，重曹水を吹きかけ，よく乾燥させる（天日干し）。天日干しが難しい場合，シリカゲルや使用後の使い捨てカイロなどを乾燥剤として靴に詰めておく。
3. 乾燥中は，もう一方の靴を使用する。

重曹水は 1 L の水に重曹 20 g を溶かして調製し，スプレーボトルに入れて噴霧するとよい。重曹の成分である炭酸水素ナトリウム（$NaHCO_3$）が，イソ吉草酸などの酸（RCOOH）を中和して塩となり（RCOONa），揮発させないようにする。

$$\underset{\text{（揮発する酸）}}{RCOOH} + NaHCO_3 \rightarrow \underset{\text{（揮発しない塩）}}{RCOONa} + H_2CO_3$$

*9)：香りの分類法の一つにトップノート，ミドルノート，ラストノートがある。時間ごとに変化する香りを表し，トップノートは香水をつけてすぐに感じる香り（シトラスなど爽やかな香り），ミドルノートは香りの中心となる 30 分から 1 時間くらいの香り（フローラルや森林調の香り），ラストノートは最後まで残る香り（ウッディなど温もりのある香り）をいう。

2.5 腋臭

腋窩（脇の下）の鼻をつくようなにおいは腋臭(えきしゅう)と呼ばれ，日本人の10人に1人は腋臭に悩まされているという。腋臭は，アポクリン汗腺からの汗が皮膚常在菌によって分解されることにより発生する。

アポクリン汗腺は，腋窩，外陰部，乳頭およびその周囲（乳輪）など特定の部位に分布し，さらに外耳道や眼瞼，臍，胸部，下腹部などの有毛部にも存在する。性ホルモンの影響を受けるため，思春期に発達する。アポクリン汗腺は毛包の付近に存在するため，汗は毛の周囲から皮膚表面に滲出してくる。毛包には通常，2～3個のアポクリン汗腺が開いており，さらに皮脂腺も開いているので，毛包，アポクリン汗腺および皮脂腺が一体の構造となっている。アポクリン汗は，タンパク質，脂質，糖質などが含まれ，少し濁った粘り気のある液体である。

2.5.1 腋臭の原因となる皮膚ガス

腋臭の原因となる皮膚ガスには，主として3グループある（Baumann et al. 2014）。

①スルファニルアルコール類

腋臭の独特なにおいの原因となる3-メチル-3-スルファニルヘキサノール（3M3SH）などがある。3M3SHの前駆物質は体内で生合成され，グルタチオン（トリペプチドGlu-Cys-Gly）のスルフヒドリル基（SH基）により抱合[*10)]され，肝臓のγ-GTP（ガンマグルタミルトランスペプチダーゼ）により分解されたのち，アポクリン汗腺からCys-Gly-3M3SHとして分泌される。Cys-Gly-3M3SHは無臭であるが，皮膚常在菌によって抱合体が分解され，3M3SHが生じる（**図2.32**）。

②有機酸

腋臭の酸っぱいにおいの原因となる*(E)*-3-メチル-2-ヘキセン酸や3-ヒドロキシ-3-メチル-ヘキサン酸などがある。これらはアポクリン汗腺から分泌される脂質に含まれる遊離脂肪酸が原料であり，皮膚表面で皮膚常在菌（コリネバクテリウム）によって分解されたものである。無臭のアポクリン腺分泌物をコリネバク

---

*10)：異物は生体内で構造変化され，不活性化されること。水溶性分子（グルタチオン，グルクロン酸，硫酸，グリシンなど）との反応により生成したものを抱合体という。

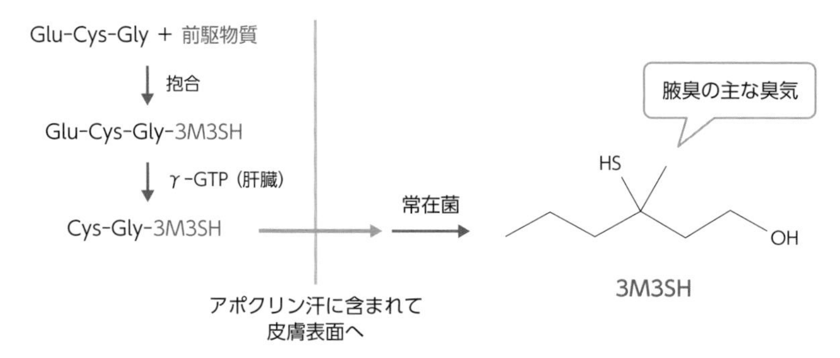

図 2.32　3M3SH の生成経路（Glu：グルタミン酸，Cys：システイン，Gly：グリシン）

テリウムで培養した培養液からも同様の化合物が見出されている（Gordon et al. 1973）。

③ステロイド類（図 2.33）

尿やムスクのような臭気を伴う 5α-16-アンドロステン-3-オン，5α-16-アンドロステノン-3α-オールなどのステロイド類がある。これらは，哺乳動物におけるフェロモンとして作用することが知られてる。5α-16-アンドロステン-3-オンは豚のフェロモンであり，雄豚の唾液から分泌され，発情している雌豚を誘引する。一方，心理学の分野では，5α-16-アンドロステノン-3α-オールがヒトにおいてフェロモン的性質をもち，ヒトの精神的状態，行動様式，他者の認知に影響を及ぼす可能性があると考えられている（Gower et al. 1981）。アポクリン汗の役割は，まだ十分に理解されていないが，腋臭はヒトの感情を伝播する化学情報なのかもしれない。

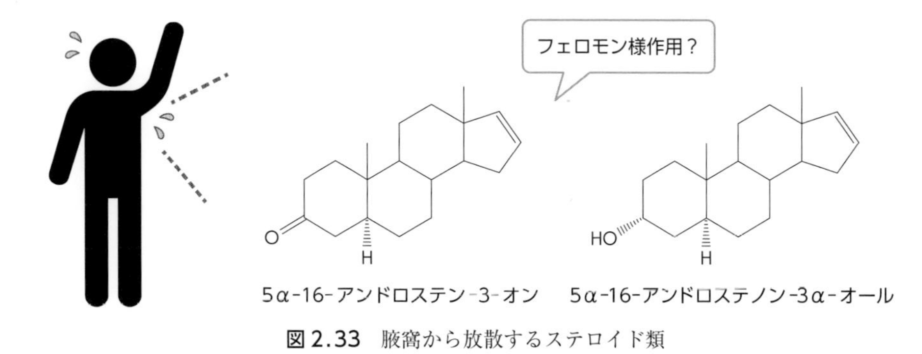

図 2.33　腋窩から放散するステロイド類

2.5.2 腋臭の発生しやすさ

私たちは緊張した時に脇汗をかき，腋臭が気になることがある。アポクリン汗腺には，交感神経が分布している。したがって，不安，緊張，痛みなどの心理的ストレス刺激により交感神経が興奮すると筋収縮によりアポクリン汗腺が刺激され，汗の分泌が増加し，結果的に特有の皮膚ガスの放散量が増加する。

腋臭の発生しやすさには個人差がある。脇毛が多い人，脇汗の量が多い人，あるいは下着や衣服の脇の部分が黄ばみやすい人はアポクリン汗腺が多く存在している可能性がある。また，肉や乳製品など，動物性脂肪の摂取はアポクリン汗腺や皮脂腺の働きを活発にする。腋臭が特に強い場合は，腋臭症（えきしゅうしょう）（一般にワキガ）という症状名で呼ばれることがあるが，特段どこかに病気があるわけではない。しかし，腋臭によって社会生活に困難を感じる場合は，外科手術などにより治療することができる。

コラム 多量の汗・突然の汗

汗腺トレーニングにより，汗をかく習慣を身につけることは，汗臭対策にとってよいことである。しかし，発汗時に必要以上の汗が出てしまい，日常生活に支障をきたす場合，「多汗症」が疑われる。手のひらや足の裏に多くの汗をかく場合は，緊張などによる精神性発汗が原因の可能性があり，心を落ちつかせる精神療法などで解消されることがある。脇の下が多汗の場合は，腋臭症の可能性がある。一方，女性は更年期になると，突然の発汗，顔のほてり，のぼせなど「ホットフラッシュ」という症状を経験することがある。これは女性ホルモンの分泌量が減少し，汗腺の調節機能がうまく働かなくなることが原因である。さらにイライラや不安などを伴う場合，疲労臭も発生しやすくなる。発汗を無理に抑えようとせず，サラサラした汗をかけるようにするとよい。

2.6 ダイエット臭

身体を細くしたい・体重を減らしたい人は，食事の量，特に糖質（炭水化物）の摂取量を減らすことがある（筆者もある）。ただし，体の中の脂肪分がうまく燃焼すると，脂質の代謝生成物であるアセトンが発生し，ダイエット臭の原因となる（**図 2.34**）。

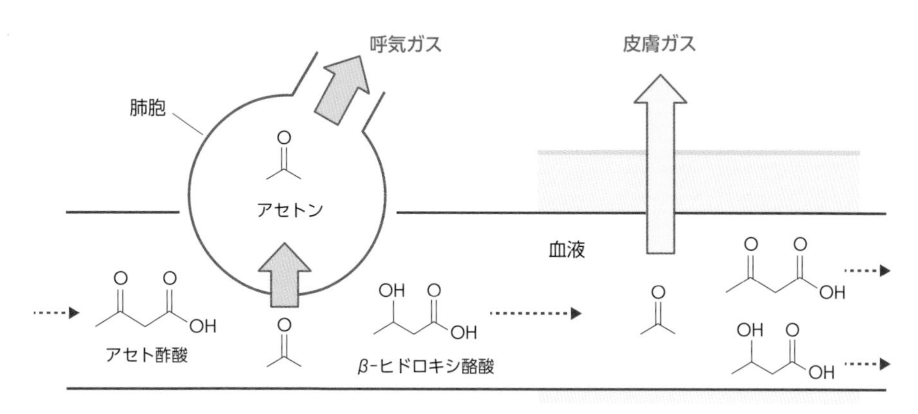

図 2.34 アセトンの呼気および皮膚からの放散

アセトンは甘酸っぱいにおいを有し，日用品ではマニキュアを落とす除光液にも利用されている。絶食，減食（ダイエット），飢餓などにより糖質の供給やその利用が不十分になると脂質の分解が促進され，肝臓においてケトン体（アセト酢酸，アセトンおよびβ-ヒドロキシ酪酸）が生成して血中に移行する。ケトン体の中で揮発性の高いアセトンは，血中から肺に移行して呼気ガスとして排出される。さらに，糖尿病患者では血液中の糖をエネルギー基質として利用しにくくなるため，糖質の代わりに脂質代謝が促進され，呼気中アセトン濃度が健常者よりも有意に高くなることが知られている。一方，血中のアセトンは血液循環の過程で皮膚表面からも放散され，血液由来の皮膚ガスとなる。Yokokawa ら（2018）は循環器疾患の患者 41 人を対象に血中ケトン体濃度と皮膚アセトン放散量の関係を測定した結果，両者には良好な相関関係を認めており（$r = 0.377$，$p = 0.017$），皮膚アセトンは血中ケトン体を反映する非侵襲的なマーカーとなることを示唆している。

図 2.35 は，健常ボランティア 2 人（男性，21，22 歳）が 49 時間絶食した時の皮膚アセトンの放散量の経時変化である（関根 2017）。試験中，水やお茶などの水分摂取は自由とした。絶食開始からしばらくの間は，アセトン放散量の有意な増加は認められないが，絶食して 20 時間後から両被験者ともに著しい放散量の増加が認められた。このように，皮膚アセトンは被験者の栄養状態を反映する。糖質の摂りすぎは肥満をまねき，動脈硬化や糖尿病などの生活習慣病のリスクも

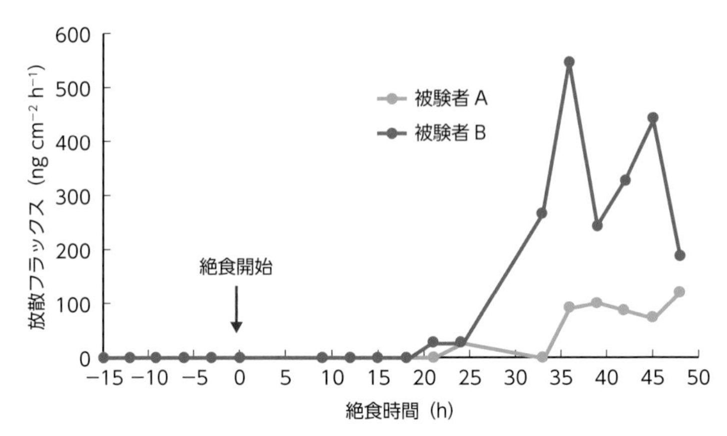

図 2.35 絶食に伴うアセトン放散量の経時変化
男性2人, 皮膚ガス捕集：前腕部にて各1時間, 絶食時間49時間。関根 (2017) より引用改変。

高くなるが, 過剰なダイエットは肌荒れや髪質の劣化, さらには神経性食欲不振症 (拒食症) をまねくことがあり, 皮膚アセトンは栄養状態の診断や過剰ダイエットの検出に利用できる。

一方, 体力づくりや気分転換, さらには美容を目的に, スポーツを日常生活に取り入れる人も増えている。特に女性の間では, 余分な脂肪を減らし, ほどよく筋肉のついたメリハリのある体つきを魅力的と感じる人が増えているようである。EMS (electrical muscle stimulation) は, 微弱な電気刺激によって筋肉に負荷を与える運動法であり, 種々の EMS 機器が市販されている。EMS 機器の使用による筋肉の強化は, 使用者自身で実感できることが多い。しかし, いわゆる「脂肪燃焼効果」は体内での化学反応であるため, 実感することは困難である。そこで, EMS 機器の使用効果を皮膚ガス測定により検証した。

アセトンを指標に被験者試験を実施した。被験者は健常ボランティア4人 (男性2人, 女性2人, 22～23歳) とし, うち2人は日常的にスポーツを行っているアスリート, 2人は特に運動習慣のない人 (非アスリートとする) であった。EMS 機器は腹部に装着し, 刺激強度は各被験者が苦痛を感じない程度に設定し, 23分間使用した。皮膚アセトンは, PFS を腹部 (鳩尾(みぞおち)) に設置し, 使用前, 使用中, 使用直後, および使用1時間後に各23分間捕集した。**図 2.36** に結果を示す。EMS 機器使用中の皮膚アセトン放散量は, すべての被験者で増加し, 特に,

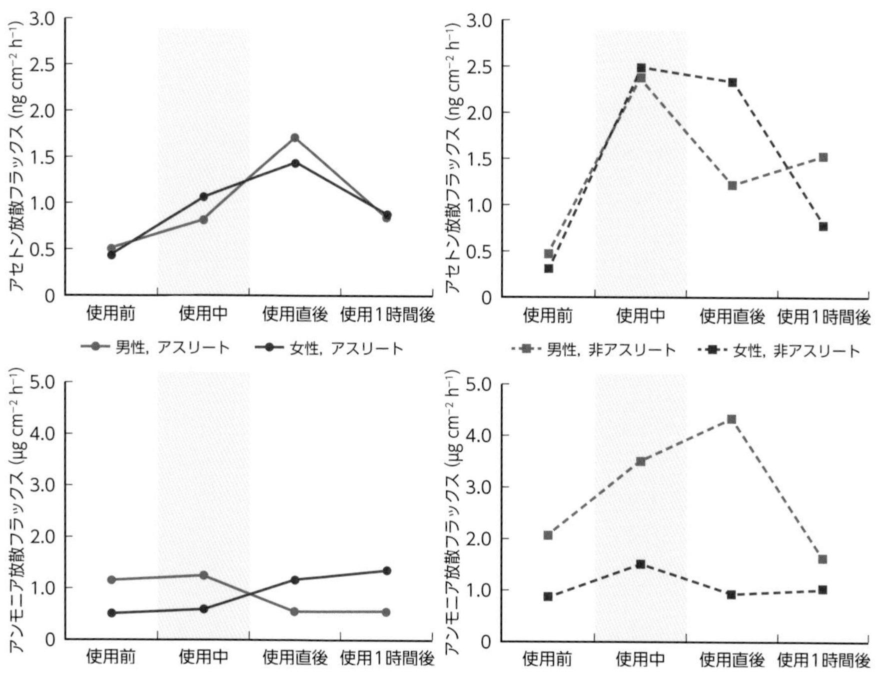

図 2.36 皮膚から放散するアセトンおよびアンモニアに及ぼす EMS 機器使用の影響
被験者 4 人，皮膚ガス捕集：腹部にて 23 分間。

非アスリート 2 人で特に顕著であった。アスリート 2 人の皮膚アセトン放散量の経時変化は類似しており，使用直後に最大値を示した。このことから，EMS 機器は使用者の脂質代謝を促す可能性が示唆され，またその効果の表れ方は普段からの運動習慣の有無によって異なった。ちなみに，疲労臭の原因であるアンモニアも類似の傾向を示し，アスリートでは皮膚アンモニア放散量に顕著な影響はなく，非アスリートの場合は大きな運動負荷になっていたことがわかる。減食や運動により体重を減らそうと試みる場合，体重の減少が緩慢になる時期があり，この時期にドロップアウトしてしまう人が多い。皮膚アセトンの測定は，減食や運動に伴う体内の化学変化を可視化することができ，体重を減らそうと努力する人のモチベーション維持に有用と思われる。

2.7 モモ（桃）の香り

2.7.1 若年女性に特徴的な皮膚ガス

体臭は多くの場合，あまり好ましくない要因として語られることが多い。しかしγ-ラクトン（ガンマ-ラクトン）のように甘い香りを放つ皮膚ガスも存在し，これは10～20代の若年女性から多く放散される特徴がある。

ラクトンは分子内環状エステルであり，五員環化合物をγ-ラクトンと呼ぶ。γ-ラクトンは，モモ，プラム，パイナップル，イチゴなどの果実の主要な香気成分としても知られ，清涼飲料水，香粧品，医薬品などの香料としても重要な化合物の一つである。γ-ラクトンには炭素数に応じていくつか種類があり，γ-ヘキサラクトン（C6）およびγ-ヘプタラクトン（C7）は柏餅の葉の香り，γ-オクタラクトン（C8）およびγ-ノナラクトン（C9）はココナッツの香りがし，γ-デカラクトン（C10）およびγ-ウンデカラクトン（C11）はモモの香りの主成分となっている（**図2.37**）。

γ-ラクトンの男女差を明らかにするため，健常ボランティア22人（男性10人，21～26歳，女性12人，21～27歳）を対象にPFS法により前腕部にてC6～C10ラクトンの皮膚放散量を調べた（**図2.38**）。日常における実態を明らかにすることを目的としたため，捕集部位に対して洗浄などの前処理は行わず，また捕集中は安静とした。その結果，γ-ラクトンの放散量には個人差があるが，興味深いことに各γ-ラクトンの放散フラックスは男性よりも女性の方が高くなる傾向があ

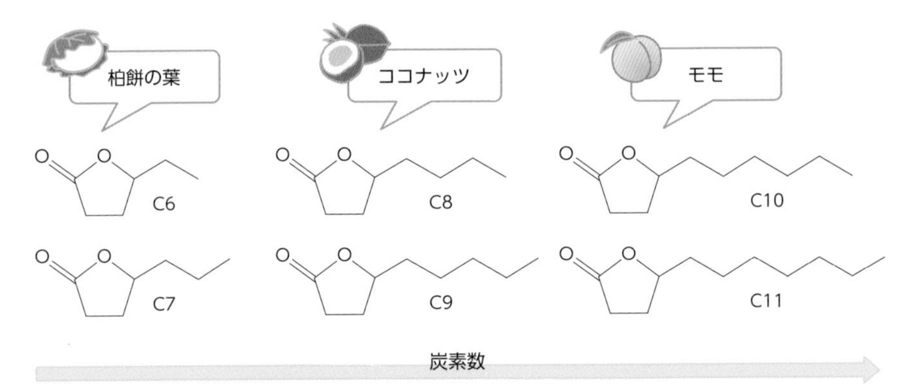

図2.37　γ-ラクトンの構造と香りの関係

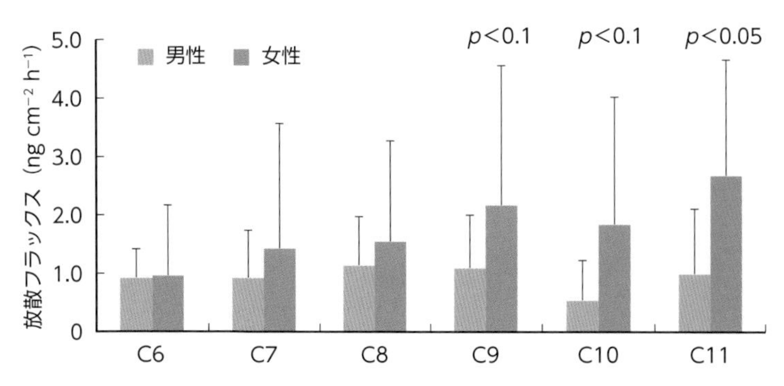

図 2.38 γ-ラクトンの皮膚放散フラックスの性別による比較
男性 10 人，21～26 歳，女性 12 人，21～27 歳，皮膚ガス捕集：利き手の逆の前腕部にて 1 時間。

り，C9，C10 および C11 ラクトンでは顕著であった（**図 2.38**）。

次に，年齢層を広げて男性 20 人（16～59 歳），女性 26 人（16～53 歳）を対象にγ-ラクトンの皮膚放散量を同様に測定した。γ-ラクトンは香粧品に使用されることがあるので，測定前日から香粧品などの使用は可能な限り控えてもらった。**図 2.39** に男性および女性における年齢と各γ-ラクトンの皮膚放散量の関係を示す。女性 10 代の被験者において各γ-ラクトンの放散量は多く，いずれも加齢とともに放散量が減少する傾向が顕著にみられた。望月（2018）は，10～50 代の女性の皮膚に密着させた綿 100％の布から皮膚分泌物を採取して官能評価および化学分析を行い，女性には若い頃特有の「甘いにおい」が存在し，C10 および C11 が若年女性特有の甘い香り成分であると同定したが，**図 2.39** の結果はこれを支持する。なお，男性においては年齢と放散量の間に明確な関係性は認められなかった。これらのことから，皮膚から放散するγ-ラクトンは，若年女性に特徴的な香気に関与していると考えられる。

2.7.2 女性ホルモンとの関係

Poran（1995）は，夫婦 7 組を対象に，夫が感じる妻の体臭について官能評価し，最も心地よく感じるのは排卵期であり，女性の体臭は性周期におけるホルモンの分泌と関連する可能性があると述べている。月経周期において，受精卵が子宮に着床する準備を促すエストロゲン（卵胞ホルモン，女性ホルモンとも呼ばれる）

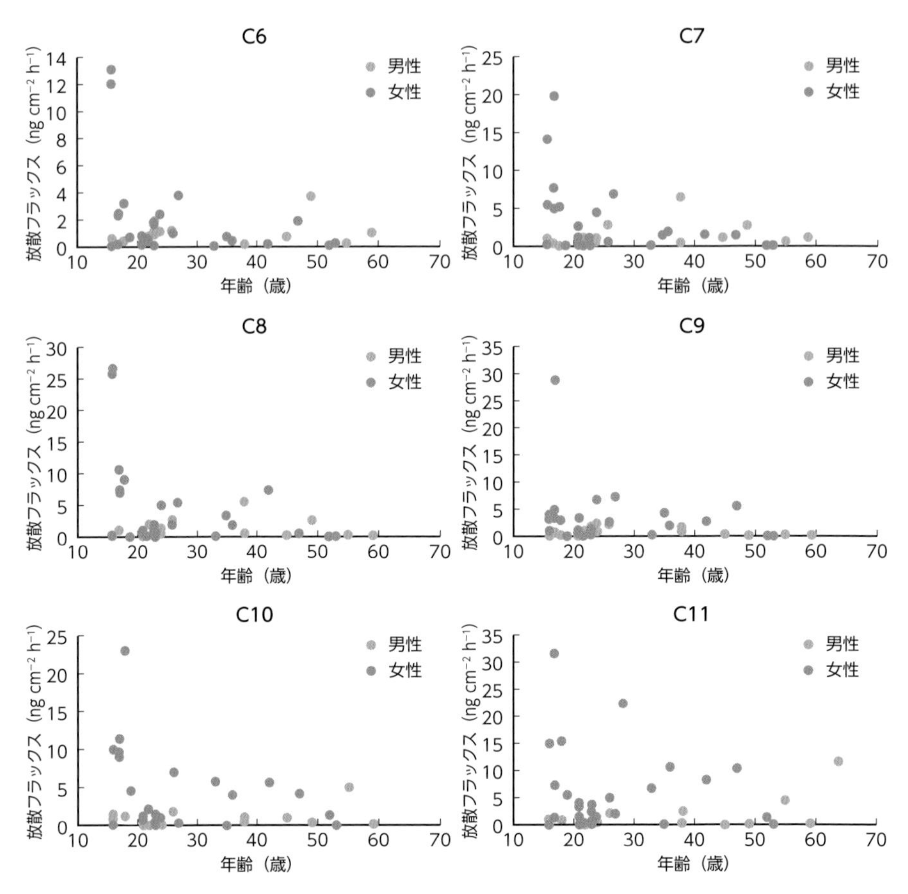

図 2.39　γ-ラクトンの皮膚放散量と年齢の関係
男性 20 人，16～59 歳，女性 26 人，16～53 歳，皮膚ガス捕集：利き手の逆の前腕部にて 1 時間。

の分泌は排卵前にかけて増加し，排卵後は女性の体が妊娠しやすいように子宮内の環境を整えるプロゲステロン（黄体ホルモン）の分泌が増える。また，排卵直前には黄体形成ホルモン（luteinizing hormone, LH）が大量に分泌される LH サージが起きる（**図 2.40**）。

そこで，月経周期とγ-ラクトンの皮膚放散量の関係を調べるため，女性 3 人（22～25 歳）を対象に，月経開始日を 1 日目とし，3 日目，5 日目，7 日目，10～15 日目および 21 日目，各日起床直後に左前腕部において皮膚ガスを捕集した（村松ら 2022）。試験中は毎日体温を測定し，また排卵日予測検査薬ハイテスター® H

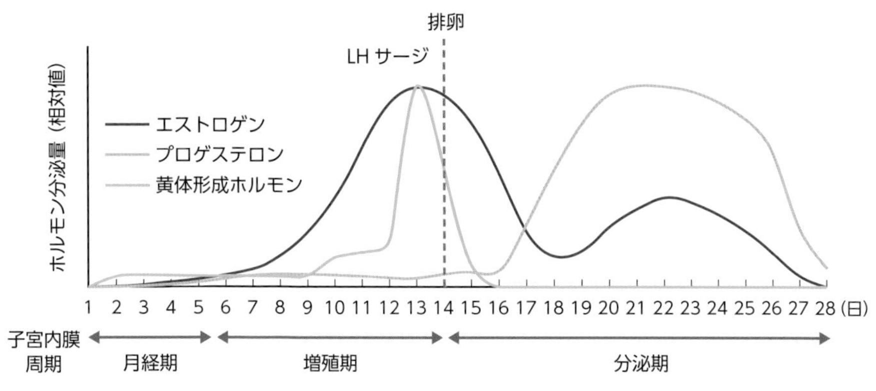

図 2.40 女性の月経周期におけるホルモンの分泌（一般的な模式図）

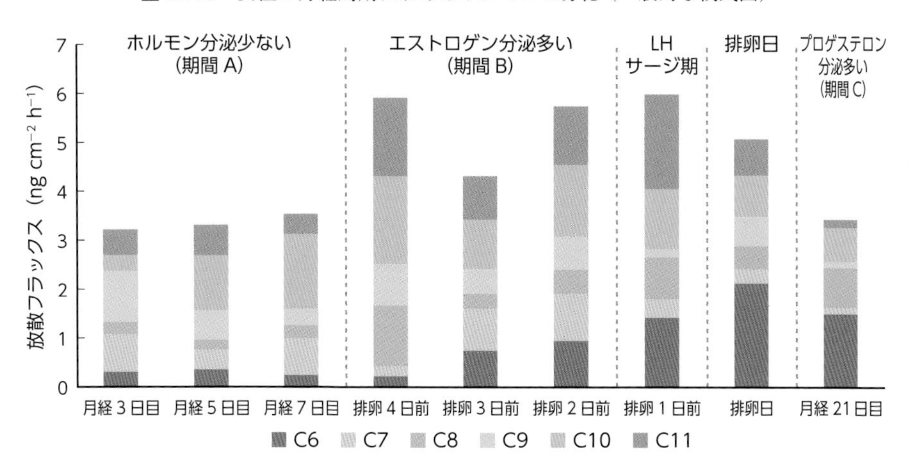

図 2.41 女性被験者の月経周期とγ-ラクトン放散量の関係
女性 3 人，皮膚ガス捕集：左前腕部にて 1 時間。

により陽性判定し，その後 0.3℃以上の顕著な体温上昇が認められたため，陽性判定日を LH サージ期，その翌日を排卵日とした。測定日前夜の入浴時には無香料のボディソープを使用した。

図 2.41 に結果を示す。月経開始から数えて排卵日となるには個人差があったので，月経開始日から 3，5，7 日目までを期間 A，排卵日から遡って 4 日前，3 日前および 2 日前を期間 B，LH サージ期，排卵日，および 21 日目を期間 C に区分した。被験者 3 人のγ-ラクトン放散量の平均値は，期間 A や期間 C に比べてエストロゲンの分泌量が増加する期間 B，LH サージ期および排卵日に高くな

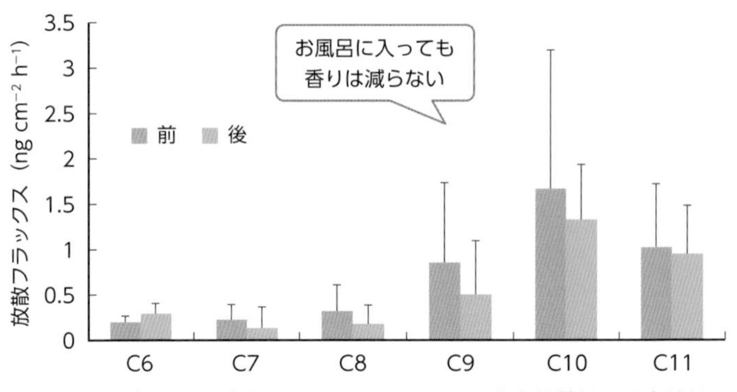

図 2.42 朝の入浴前後における γ-ラクトンの皮膚放散量の測定結果
女性1人，皮膚ガス捕集：背部にて1時間。

る傾向がみられた。この結果は，Poran による官能評価試験の結果と矛盾せず，γ-ラクトンは夫が妻の体臭を心地よく感じる要因の一つと考えられる。すなわち，γ-ラクトンの生成にはエストロゲンの分泌が関連していることが示唆される。

Labows ら (1979) は，皮膚常在菌であるマラセチア・フルフルが皮脂を栄養分として成長し，C9 および C10 ラクトンを生成すると報告しており，γ-ラクトンは皮脂の成分を基質とする皮膚常在菌による表面反応によって生成すると述べている。しかし，女性被験者 (21 歳) が無香料石鹸を使用しながら，5 日間，朝の入浴前後に γ-ラクトンの放散量を測定したところ，入浴前後では有意な変化はみられなかった (**図 2.42**)。このことから，γ-ラクトンは皮膚表面反応由来ではなく，体内で生成したものが血液由来により放散すると考えられる。

現在，皮膚から放散する γ-ラクトンの生成には，ミトコンドリアにおける脂肪酸の β 酸化が関係していると考えられている。パルミトレイン酸 (遊離中鎖脂肪酸) からの C10 ラクトンの生成経路を**図 2.43** に示す。パルミトレイン酸は，炭素の二重結合 (C=C) が水酸化を受けると，β 酸化を受けて炭素鎖が順次短くなり，短くなったものが環化すると γ-ラクトンとなる。β 酸化が 1 回起こるごとに，炭素鎖の炭素は 2 個ずつ減少する。したがって，β 酸化が 3 回生じると C10 ラクトン，4 回生じると C8 ラクトン，5 回生じると C6 ラクトンになる。この脂肪酸の β 酸化は，エストロゲンの作用によって促進されることが知られており (Huss et al. 2004)，**図 2.41** において期間 B 以降に C6 ラクトンの割合が増加するのは，β 酸化の起こりやすさに関係していると考えられる。一方，筆

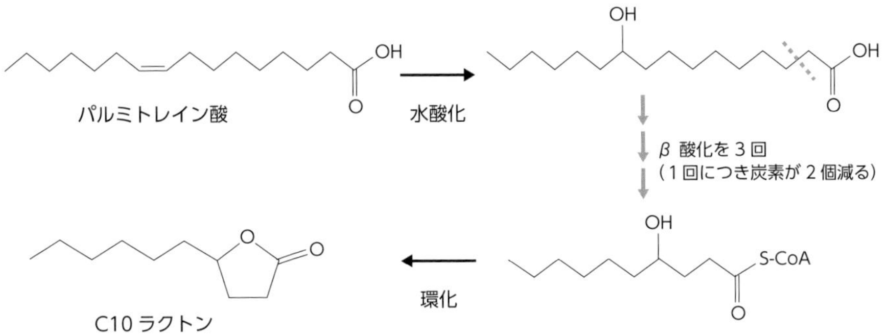

図 2.43　パルミトレイン酸からの C10 ラクトンの生成経路

者らは疲労臭対策としてラクチュロース摂取試験を行い，皮膚アンモニアの放散量が低減することを明らかにした（2.3 節参照）。この試験において，副次的に他の皮膚ガス成分についても調べたところ，便中ビフィズス菌数の増加に伴い桃の香りの主成分である C10，C11 ラクトンの皮膚放散量も増加することを見出した（Sekine et al. 2023b）。ビフィズス菌は腸内で乳酸のほかに SCFA を生成する。この短鎖脂肪酸は脂質代謝を刺激し，脂肪酸からの γ-ラクトンの生成を促進することが知られており（den Besten et al. 2015），皮膚からの C10，C11 ラクトンの放散量に反映されたと考えられる。

そこで，エストロゲン様作用を示すイソフラボンを含む豆乳飲料 200 mL を摂取した場合の γ-ラクトン放散量への影響を調査した。豆乳飲料にはイソフラボン（ゲニステインやダイゼイン）102 mg が含まれており，被験者 6 人を対象として，摂取前後に皮膚ガス測定を行った。その結果，**図 2.44** の被験者 A のように摂取後に C11 ラクトンの皮膚放散量が増えた人が 3 人，被験者 B のように増減が明確でなかった被験者が 3 人となった。近年の研究により，エストロゲン様作用を有するのは，イソフラボン自体ではなく，腸内細菌による代謝物エクオールであることがわかってきた。エクオールはエストロゲンの一種であるエストラジオールと化学構造が類似している（**図 2.45**）。ただし，すべての人がエクオールを産生できるわけではなく，エクオール産生菌をもっている人は日本人の 2 人に 1 人といわれている（麻生・内山 2012）。したがって，豆乳摂取により γ-ラクトンが増える人と増えない人がいるようである。

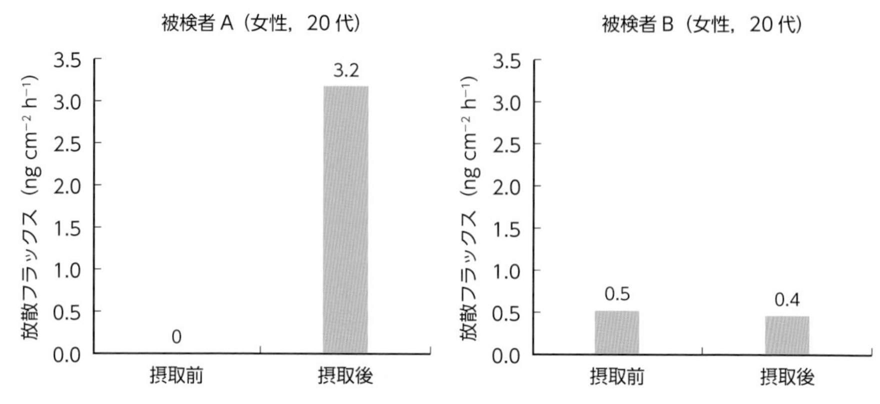

図 2.44　豆乳飲料摂取前後の C10 ラクトンの皮膚放散量の比較
皮膚ガス捕集：左前腕部にて1時間。

O　OH　HO　代謝　OH　HO　O　似ている　CH_3　OH　H　H　H　HO

ダイゼイン
（イソフラボンの一種）

エクオール
（代謝物）

エストラジオール
（エストロゲンの一種）

図 2.45　ダイゼイン，エクオールおよびエストラジオールの化学構造

コラム　アルパカはラクトンが好き？

とある動物園のアルパカくんは，若い女性にだけチューをすることで有名で，これに気づいたのは女性飼育員さんたち。そこで，アルパカくんが大好きな女性飼育員さん2人のγ-ラクトン放散量を調べたところ，同年代の女性に比べて高い傾向にあり，また大腸内のビフィズス菌数も平均より多かった。このアルパカくんは自分を惹きつけるγ-ラクトンを嗅ぎ分けているのかもしれない。

2.8 ニンニク臭

2.8.1 ニンニク臭の原因

ニンニク（大蒜）は，独特の強い香りを有する香味野菜であり，さまざまな料理に使用されている。糖質やビタミン B_1 などを多く含み，滋養強壮のために摂取する人も多いだろう。筆者はすりおろしニンニクをラーメンに入れて食べるのが好みである。ただし，ニンニクの難点はまさにニンニク臭であり，ニンニク特有のにおい成分は血流に乗って全身に循環し，口臭だけでなく体臭の原因となる。

ニンニクには，アリインという分子内に硫黄原子をもつ含硫黄有機化合物が含まれる。ニンニクを切り刻んだり，すりおろしたり，あるいは噛み砕くなどで細胞が破壊されると，アリインが酵素によって分解されてアリシンが生成する。ニンニクを摂取してアリシンが体内で代謝されると，ジアリルジスルフィドやアリルメチルスルフィドに変化する（**図 2.46**）。いずれも嗅覚閾値が低い物質であり，極微量であってもニンニク臭の原因となる。

図 2.47 は，健常ボランティア 3 人（男性，24～31 歳）が焼きニンニクを約 45 g 摂取した時の，呼気および皮膚から放散されたアリルメチルスルフィドの経時変化を調べたものである。左は摂取前後の測定値，右のグラフは摂取前の値を 1 として各測定値を規格化したものである。ニンニク摂取に伴いアリシンが代謝され，嗅覚閾値の低いアリルメチルスルフィドに変化し，呼気に現われることは以前から知られていた。一方，この図から明らかなように，アリルメチルスルフィドは呼気だけではなく皮膚からも皮膚ガスとして排出され，呼気に比べてやや遅れて

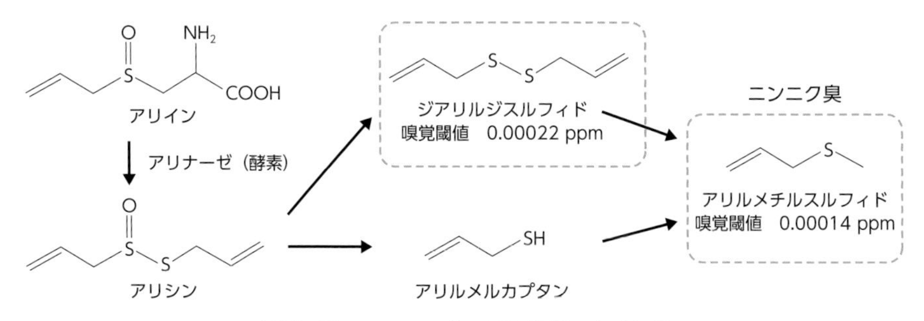

図 2.46　ニンニク臭の原因物質の生成経路

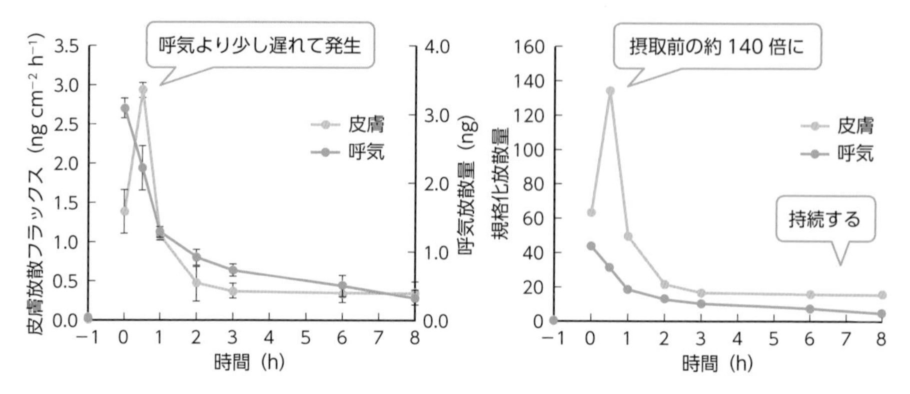

図 2.47 ニンニク摂取に伴う呼気および皮膚からのアリルメチルスルフィドの放散挙動
男性3人，24～31歳，皮膚ガス捕集：前腕部にて30分間または1時間，呼気ガス捕集：バッグ内に呼気を集め，捕集材に吸着捕集。Sato et al. (2020) より引用改変。

ピークを示し，また放散が長く持続した。この皮膚ガスの放散持続性は，飲酒時のアセトアルデヒドの放散挙動でも認められている (2.9節参照)。皮膚からのアリルメチルスルフィドの放散量およびその持続性は，摂取したニンニクの量に依存するが，焼きニンニク45gを摂取した場合，24時間後でも皮膚からの放散が認められたので，食べすぎると翌日まで影響することがある。

このニンニク臭は，体のどの部位から発生しやすいのだろうか。**図 2.48** は，男性1人 (24歳) が焼きニンニク46gを摂取し，30分後にアリルメチルスルフィ

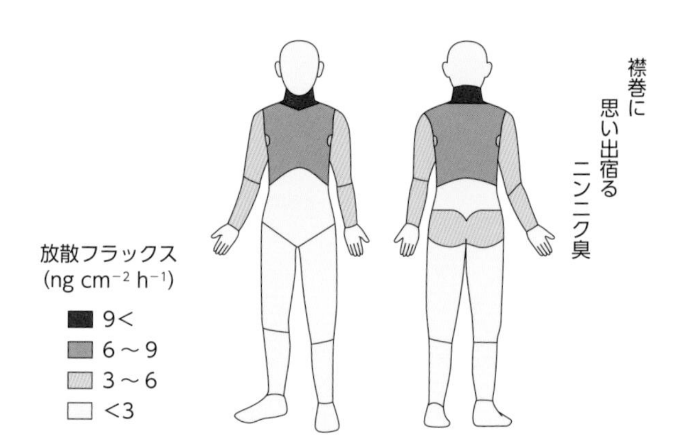

図 2.48 皮膚から放散するアリルメチルスルフィドの全身分布
男性1人，ニンニク46g摂取30分後。Sato et al. (2020) より引用改変。

ドの皮膚放散フラックスを体表面 14 部位で同時に測定した結果である。上半身，特に項部，胸部，背部，上腕部や前腕部から放散されやすい傾向がみられた。なぜこのように首（項部）で多いのかは不明であるが，冬にニンニクを摂取し，マフラーを巻くと，首の周りにニンニクの思い出が長くとどまるかもしれない。

ニンニクは食べたい，しかしニンニク臭を抑えたい場合，どうすればよいか。

2.8.2 ニンニク臭の対策

ニンニク臭の対策としては次のものがある。

①牛乳を摂取する

牛乳を摂取すると，呼気からのニンニク臭が抑制できることはよく知られている（Hansanugrum & Barringer 2010）。これは，牛乳に含まれるタンパク質の中で約 80％を占めるカゼインが，ジアリルジスルフィドなどのにおい物質を吸着し，消化管からの吸収を抑制するためと考えられている（原ら 1998）。**図 2.49** は，男性 1 人（24 歳）が焼きニンニク 45 g を摂取したのち，水 500 mL または市販の成分無調整牛乳 500 mL を摂取した時のアリルメチルスルフィドの皮膚放散量の変化を調べたものである。水に比べて牛乳を摂取した時の方が皮膚からの放散量が抑制され，速やかに減衰することがわかる。呼気の場合，牛乳による口腔内の洗浄効果も期待されるので，牛乳摂取のタイミングはニンニク摂取後の方がよい。一方，皮膚ガスの場合は，ニンニク摂取前・後のどちらでもかまわない。

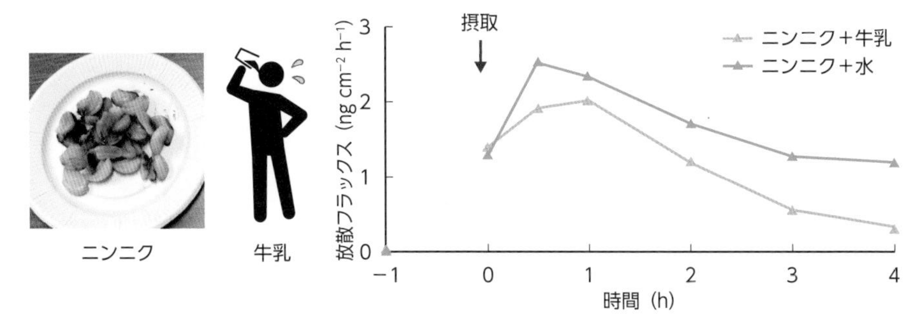

図 2.49 ニンニク臭に及ぼす牛乳摂取の影響
男性 1 人，皮膚ガス捕集：前腕部にて 30 分間または 1 時間，焼きニンニク 45 g 摂取。

②ポリフェノールを摂取する

ポリフェノールは，植物に存在する苦味や色素の成分で，自然界には5,000種類以上あるといわれている。ポリフェノールは抗酸化作用が強く，加齢臭の原因である2-ノネナールを抑制する（2.1節参照）。一方，ポリフェノールはニンニク臭に対しても抑制作用があることがわかった。各務（2018）は，コーヒー生豆から抽出したクロロゲン酸を主成分とするポリフェノール，ポリフェノールオキシダーゼ（酸化酵素）を含むゴボウのパウダーを1：1で配合し，被験者に対して焼きニンニク摂取5分後に1gを摂取してもらったところ，ジアリルジスルフィドおよびアリルメチルスルフィドの皮膚放散量が著しく低減したと報告している。ポリフェノールは，ポリフェノールオキシダーゼの作用によりキノン化合物に酸化され，このキノンが重合すると褐色を呈する（褐変と呼ばれる）。この褐変現象は，メチルメルカプタンのような分子内にSH基を有する物質によって阻害されることが知られている。反応機構の詳細は現時点では不明であるが，ポリフェノール/ポリフェノールオキシダーゼ系は，SH基を有していないジアリルジスルフィドやアリルメチルスルフィドに対しても反応性を有するようである。

一方，ニンニク臭の原因である皮膚ガスは血液由来であるため，体の内部から生成・放散を抑制するのが有効であり，皮膚表面を洗っても落ちない。また入浴して発汗を促しても効果はないようである。**図2.50**は，男性1人（24歳）が焼きニンニク45gを摂取してそのまま安静に過ごした場合と，摂取後，日帰り天然温泉に行き，入浴とサウナ利用によりしっかりと汗をかいた場合のアリルメチルスルフィドの皮膚放散量を比較したものである。摂取1時間前（−1h），摂取

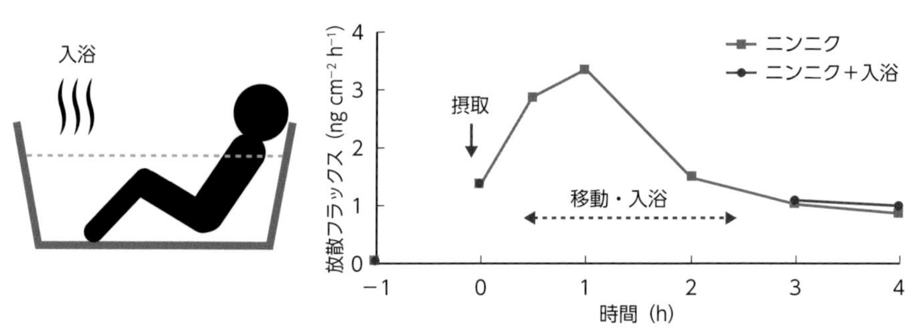

図2.50 ニンニク臭に及ぼす入浴・サウナ利用の影響

男性1名，24歳，皮膚ガス捕集：前腕部にて30分または1時間，焼きニンニク45g摂取。

直後（0 h）だけでなく，摂取 3 時間後（3 h），4 時間後（4 h）もアリルメチルスルフィドの皮膚放散量は同等であり，入浴による低減効果はみられなかった。

コラム　カレー臭

香気成分を含む香辛料を摂取すると，皮膚からその香気成分が発生する。カレーの香料として使用されるクミンには香気成分としてクミンアルデヒドが含まれており，カレーライスを食べると，食後まもなくクミンアルデヒドが放散されてくる。ニンニク臭同様に牛乳を飲めばカレー臭も減少すると思われたが，実際はその逆で，牛乳を摂取すると皮膚からの放散量は増加した。また，カレーライスにマーガリンを加えるとさらに放散量は増加した。クミンアルデヒドは疎水性（親油性）の化合物であるため，牛乳やマーガリンなどを一緒に摂取すると吸収が促進され，皮膚からの放散も増えるようである。

2.9　酒臭

お酒を飲んだ後，「酒くさい」と感じるのも皮膚ガスの影響である。一般的に酒くさいと表現されるにおいの元は，アセトアルデヒドである。アセトアルデヒドは吐き気や頭痛といった二日酔いの症状を引き起こす物質であり，「刺激的な青くさいにおい」と表現され，呼気だけでなく主として血液由来で皮膚からも放散される。お酒に含まれるエタノール（エチルアルコール）も血液由来で放散するが，アセトアルデヒドほどの「酒くささ」はない。

摂取したエタノールは，その大部分が 1～2 時間以内に小腸，胃，大腸で速やかに吸収され，また口腔や食道粘膜からもごくわずかに吸収される。エタノールは肝臓でアルコール脱水素酵素（alcohol dehydrogenase, ADH）によりアセトアルデヒドに変換され，アセトアルデヒドはアルデヒド脱水素酵素（aldehyde dehydrogenase, ALDH）により酢酸になり，酢酸は水と二酸化炭素に分解される。肝臓でのアセトアルデヒドの分解が追いつかない状態（代謝飽和）になると，血中への流出速度が増加し，血液循環の過程で血液から放散される（**図 2.51**）。ALDH には，アルデヒドが低濃度の時に働く ALDH2 と，高濃度にならないと働かない ALDH1 があり，ALDH2 の活性が弱いか欠けていると，アセトアルデ

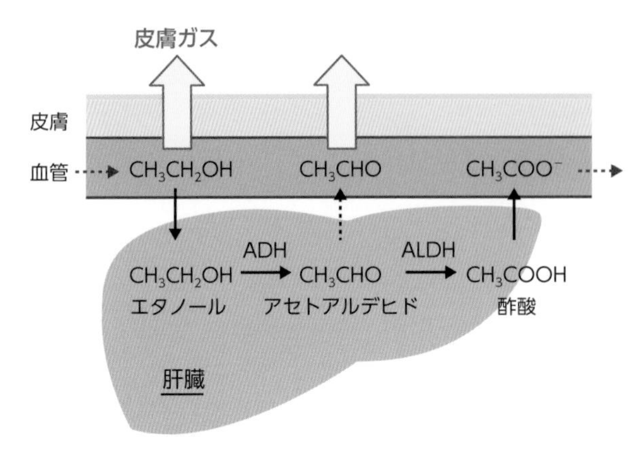

図 2.51　飲酒に伴う皮膚からのエタノールおよびアセトアルデヒドの放散

ヒドが溜まり，お酒に弱い体質となる。

では，実際に飲酒後，エタノールとアセトアルデヒドが呼気と皮膚ガスからどのように放散されるのだろうか。**図 2.52** は，大酒飲みの被験者が酩酊するまで飲酒した時の皮膚ガスの変化である。エタノールは，飲酒直後に呼気・皮膚ガスともに放散量が著しく増加した。その後，呼気からの放散は 30 分ほどで急激に減少したが，皮膚ガスは呼気と比べると減衰が緩やかで，10 時間以上も放散が続いた。

一方，アセトアルデヒドはエタノールの代謝物であるため，エタノールよりも放散量が増加するまでに時間を要し，飲酒 30 分後にピークとなった。その後の減衰はエタノールと同様で，呼気よりも皮膚ガスの方が緩やかな減少であった。このことから，晩酌した翌日は口臭だけでなく，体臭にも留意した方がよいといえる。

二日酔いによる酒くささを早く減らすにはどうすればよいか。サウナなどを利用してたくさん汗をかけばよいと思う人がいるかもしれないが，その効果は限定的である。アセトアルデヒドの一部は，汗に含まれて汗腺由来で放散することはある。しかし，基本的には血液由来であり，発汗による促進効果は努力に見合わない。一方，ウコンはインドネシア原産のクルクミンの含有量が多い多年草であり，ウコンを含む飲料水は，肝臓の働きを高めるとされる。お酒を飲む時にウコン飲料水を摂取した場合，飲酒直後のアセトアルデヒドの皮膚放散量は一時的に増加するが，減衰は早くなり，10 時間後には飲酒前と同等レベルになることが認められている（高橋ら 2013）。

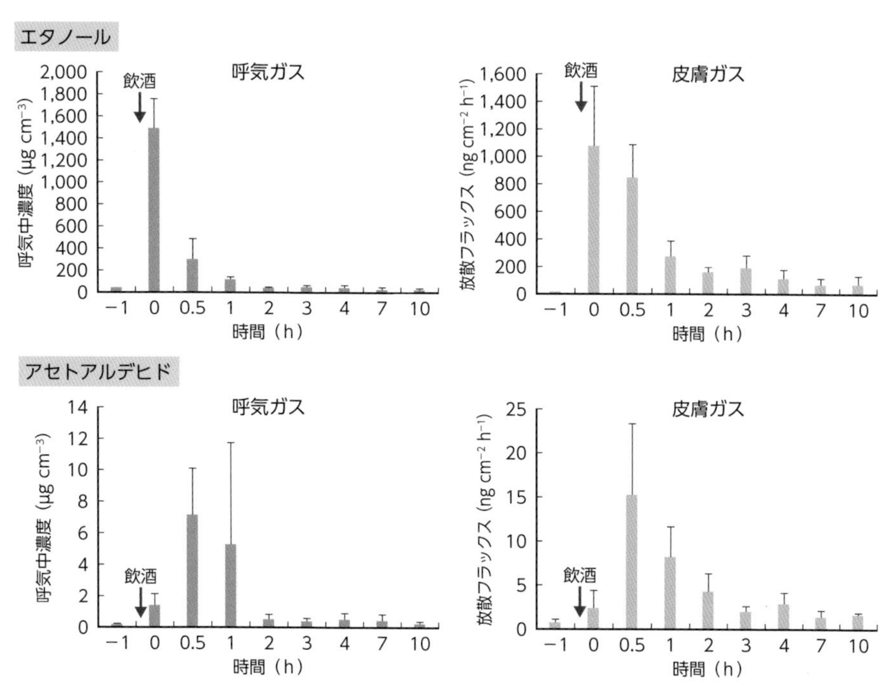

図 2.52 飲酒に伴う呼気および皮膚からのエタノールおよびアセトアルデヒドの放散量の変化
被験者 4 人，飲酒量：各自が酩酊する量，皮膚ガス捕集：前腕部にて 30 分間または 1 時間。

2.10 たばこ臭

2.10.1 皮膚から二次喫煙

たばこを吸った人が近くに来ると，たばこ臭を感じることがある。呼気や衣服に付着した付着物がその主な臭気源と思われるが，喫煙者の皮膚からもたばこ煙成分が放散されることがわかってきた。たばこの主流煙には 4,000 種類以上の化学物質が含まれており，有害とされる物質が 200 種以上，そのうち約 60 種は発がん性物質であるとされている。これらたばこ主流煙中の化学物質が吸入されたのち，一部が肺から血液に移行し，さらに血中から皮膚表面に移行する可能性が考えられる。Mochalski ら（2015）は，健常者 31 人の手掌から 64 種類の揮発性有機化合物を確認し，その中で 2,5-ジメチルフランなどは喫煙に由来する可能性があることを示唆している。

そこで，ヘビースモーカーの能動喫煙者1人（男性，46歳）が一般住宅の室内において紙巻たばこ1本（MEVIUS Original，タール10 mg，ニコチン0.8 mg）を15分間かけて喫煙した前後での皮膚ガス成分について調査した。PFSによる捕集部位は，左前腕部および手甲部（空気に露出）とし，左前腕部はたばこ成分の付着がないよう衣服の下にPFSを設置した（**図2.53**）。

図2.54に，この能動喫煙者の喫煙前および喫煙直後のGC-MSクロマトグラムを示す。前腕部および手甲部ともに皮膚から放散される成分は極微量であったが，喫煙直後には多数のピークが検出され，トルエン，ニコチン，3-エテニルピリジン（ニコチンの熱分解物），3-メチルフラン，2,5-ジメチルフランなど紙巻たばこ主流煙に特徴的な40種の成分の検出量が著しく増加した。また，喫煙者

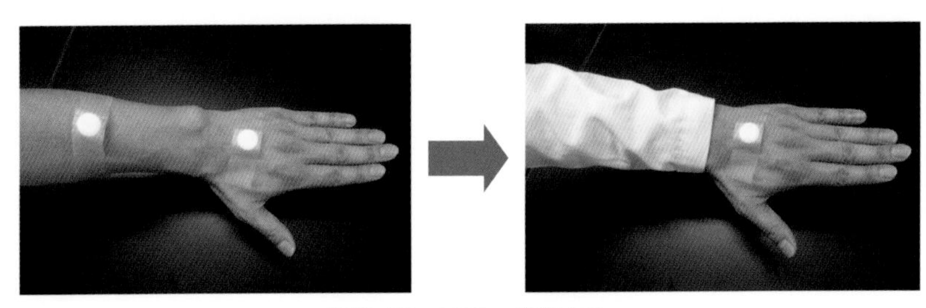

図2.53　PFSの設置方法

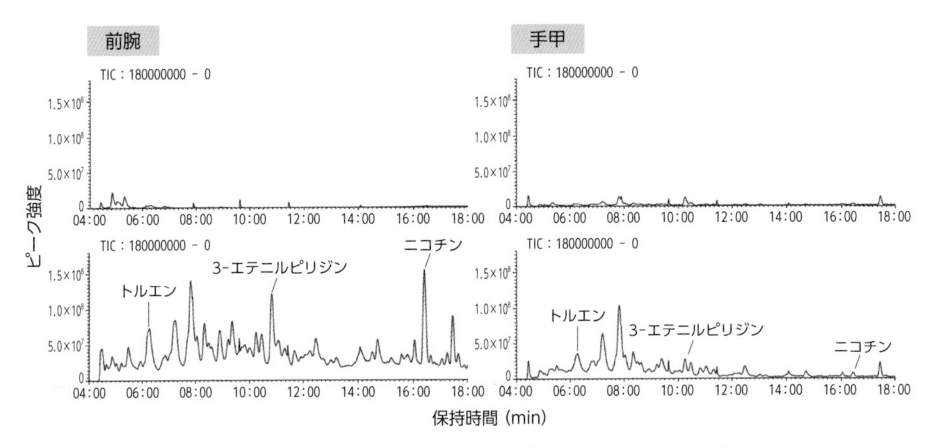

図2.54　能動喫煙者の前腕部および手甲部から検出された皮膚ガス成分
上段：喫煙前，下段：喫煙直後。Sekine et al.（2018）より引用改変。

の前腕部は衣服で被覆されており，副流煙や呼出煙由来の付着物の影響は無視できると考えられる。前腕部における検出量は，手甲部の検出量と比べて同等または若干多かったことから，これらたばこ煙に特徴的な成分は，血液由来によって放散されたものと考えられる。

そこで，能動喫煙者3人が紙巻たばこ1本を10〜15分間かけて喫煙した前後での皮膚ガス成分を測定した。試験開始5時間前から喫煙を禁止し，3時間前から食事も禁止した。**図2.55**に，ニコチンのピーク強度の経時変化を示す。ニコチンの皮膚放散量は喫煙直後に最大値を示し，その後喫煙前と同等のレベルにまで減衰する傾向がみられた。他のたばこ煙に特徴的な成分のピーク強度も，おおむね同様の傾向を示し，これら主流煙に起因する成分は，肺から血液循環に移行した後，速やかに皮膚からも排出されることがわかった。

喫煙にはたばこの主流煙を摂取する一次喫煙（能動喫煙）のほか，副流煙や呼出煙に曝露する二次喫煙（受動喫煙）がある。さらに，副流煙や呼出煙が居室の内壁などに一旦付着し，この付着物から再放散した物質に曝露する三次喫煙という喫煙の形態があることもわかってきた（**図2.56**）。皮膚から放散するたばこ煙への曝露は，二次喫煙の一つとして位置づけられると考えられ，ヒトの体表面もたばこ煙の移動発生源になり得るかもしれない。

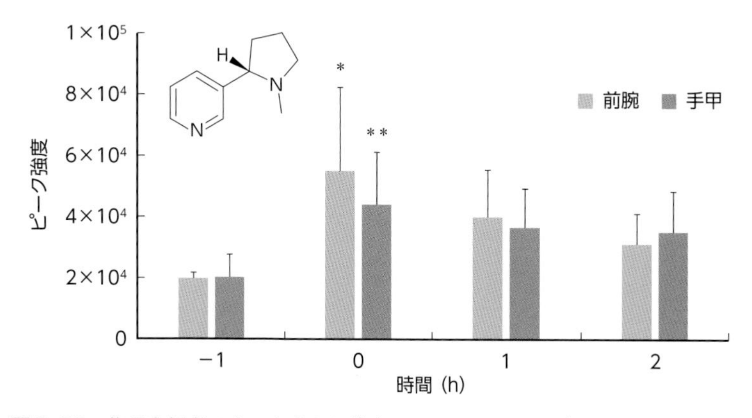

図2.55 能動喫煙者3人の皮膚から検出されたニコチンのピーク強度の経時変化
皮膚ガス捕集：前腕部，手甲部にて1時間，喫煙前のピーク強度に対して有意差検定（*：$p < 0.1$，**：$p < 0.05$）。Sekine et al.（2018）より引用改変。

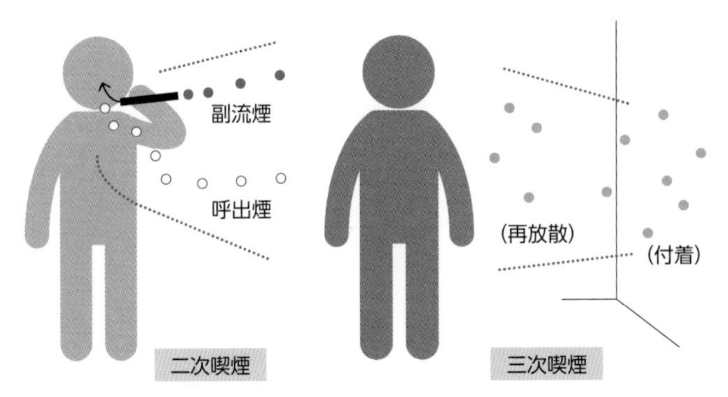

図 2.56 望まない受動喫煙

2.10.2 たばこ臭を減らす

近年，非喫煙者が受動的に喫煙することによって生じる健康影響が懸念され，職場や公共の場では分煙・禁煙などの対策が積極的に取り入れられている。また，副流煙の発生が抑制された「加熱式たばこ」の普及が進んでいる。加熱式たばこは，たばこ葉を直接加熱，または水蒸気を用いて加熱し，生じたエアロゾルを吸入する装置であり，紙巻たばこなどと同様に「たばこ製品」として取り扱われ，主流煙にはニコチンが含有される。諸外国では heat-not-burn tobacco, heated tobacco product などと呼称され，特定のブランドでは Tobacco Heating System という用語が用いられている。現在，日本国内で市販されている加熱式たばこは，たばこ葉の加熱温度によって高温加熱型および低温加熱型に分類される。加熱式たばこは，副流煙の発生がない（またはきわめて少ない）ことから，「望まない受動喫煙」の防止に寄与する可能性がある。また，その主流煙・呼出煙は，グリセリンやプロピレングリコールを核とする「水滴」であり，有害化学成分の量が大幅に減少していることから，「ゼロリスクではないが，紙巻たばこよりはリスクが小さい」，ハームリダクションされた製品と考えられている。どうしてもたばこが手放せない人は，加熱式たばこに切り替えることによって，たばこ臭もリダクションできるかもしれない。

一方，「電子たばこ」はリキッドを加熱してその蒸気を吸引するものである。日本国内で流通する電子たばこは，たばこ葉を使用せず，またニコチンも含有されていないので，たばこ事業法でたばこ製品としては分類されず，未成年でも購入

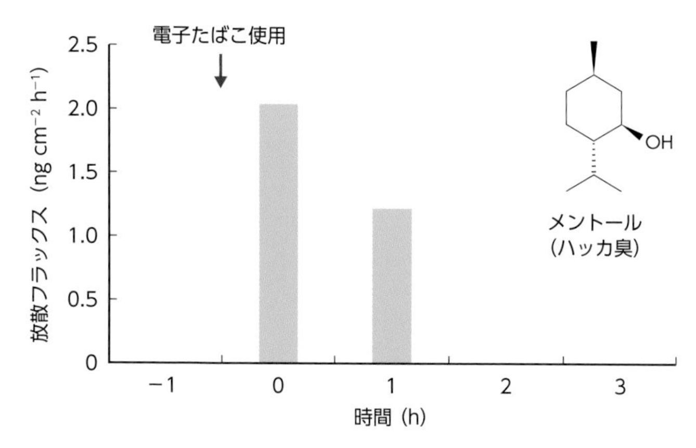

図 2.57 電子たばこ使用者の皮膚から放散するメントールの経時変化
男性 1 人，皮膚ガス捕集：前腕部にて 1 時間，電子たばこは 15 分間で 60 パフ吸煙。

可能な雑貨扱いとなっている[*11]。電子たばこのリキッドには，さまざまなフレーバーが添加されている。メントール (2-イソプロピル-5-メチルシクロヘキサノール，メンソールとも呼ばれる) は，最も利用されているフレーバーの一種である。**図 2.57** は，喫煙者 (男性 1 人，24 歳) が紙巻たばこに替えて，メントールフレーバーの電子たばこを使用した際の皮膚から放散するメントールを調べた結果である。使用前に皮膚ガス測定後，15 分かけて蒸気を 60 パフ[*12] 吸引し，使用直後から 1 時間ごとに皮膚ガスを前腕部にて捕集した。図から明らかなように，電子たばこ使用に伴い皮膚からのメントールの放散が認められ，2 時間経過後には消失した。メントールの放散量は，デバイスの種類，リキッド中のメントールの含有量，使用者の吸煙量・吸収量やメントールの代謝能力によって異なるが，使用中だけでなく，使用後もしばらくはメントールのハッカ臭により清涼感を得られるかもしれない。

---

*11)：欧米ではニコチン入りの電子たばこもハームリダクション製品として流通しており，たばこやニコチン関連製品に関する考え方は，国によって異なる。
*12)：吸い込んで煙を吐くまでを 1 パフと数える。

2.11 皮脂臭

皮脂の酸化によって生成する皮膚ガスは，2-ノネナール以外にも多く存在する。2-ノネナールのような年齢依存性は認められないが，体臭に寄与するものが多い。

たとえば，メチルヘプテノンや2-メチル-2-ペンテンなどは皮脂に含まれるスクワレンの分解生成物として皮膚から放散される。また，空気中のオゾン（O_3）はスクワレンの炭素-炭素二重結合（C＝C）を攻撃し，スクワレンの酸化分解物を皮膚から放散させると報告されている（Wang et al. 2022）。

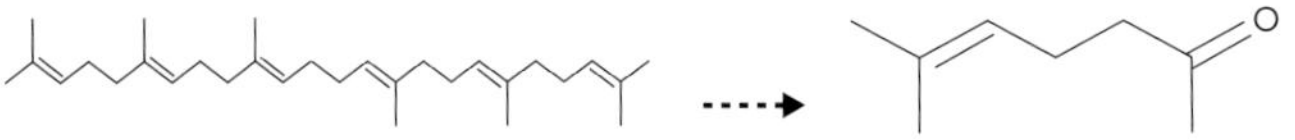

スクワレン → メチルヘプテノン（6-メチル-5-ヘプテン-2-オン）

遊離脂肪酸からもさまざまなアルデヒド類が生成し，皮膚から放散している。プロパナール（プロピオンアルデヒド），ブタナール（ブチルアルデヒド）は，悪臭防止法により特定悪臭物質に指定されており，いずれも「刺激的な甘酸っぱい焦げたにおい」と表現される。あるいはブタナールは，「熟成されたムッとくるチーズのにおい」とも表現される。ヘキサナールは，大豆の青くささの原因物質であり，ヒト皮膚からも放散されることがある（3章にて詳述）。オクタナールは，オクチルアルデヒドやカプリルアルデヒドとも呼ばれ，果実の香りがする成分である。室内空気中でも観測され，いわゆる「人肌の香り」のベースとなる成分と考えられる。同じアルデヒド類でも炭素の数が異なるだけで，嗅覚での感じ方もさまざまである。2-ヘキセナールもまた遊離脂肪酸の分解生成物と考えられ，薄いと青葉の香り，濃いとカメムシ臭となる。

暴飲暴食や偏った食事は，皮脂の分泌量を増やす可能性がある。肉や乳製品などに含まれる動物性脂肪を多く摂取すると皮脂腺が刺激され，その働きが活発になり，皮脂の分泌量を増やしてしまう。また炭水化物（糖質）を摂取すると血糖値が上昇し，これを抑制するために膵臓からインスリンが分泌される。インスリンもまた皮脂腺を刺激し，皮脂の分泌量を増やす働きがある。さらに，飲酒によるアルコールは毛細血管を拡張して皮脂腺を刺激するため，皮脂がいっそう分泌されることになる。

一方，ビタミンB群は皮脂の分泌を抑制する働きがあり，アーモンドや納豆，マグロやレバーなどを食事に取り入れるのは予防のためによいかもしれない。

コラム　体臭の原因を知るためのチェックリスト

下の表は，日常生活に潜む体臭の原因を知るためのチェックリストである。あくまでも目安であるが，6項目以上該当する方は日常の生活様式に配慮されたい。

- 黄色（1～3）にチェックが多い：食事が体臭に影響している可能性あり
- 緑色（4～7）にチェックが多い：心身の状態が体臭に影響している可能性あり
- 青色（8～10）にチェックが多い：生活行為や仕事の内容が体臭に影響している可能性あり

食生活	1	お酒をよく飲む	□
	2	肉や魚をよく食べる	□
	3	ニンニクや香辛料を好んで食べる	□
心身状態	4	普段あまり運動しない	□
	5	クーラーの効いた部屋で長時間過ごす	□
	6	心配性で緊張しやすい	□
	7	夜更かしが多い	□
生活行為	8	体をゴシゴシ洗う	□
	9	たばこを吸う	□
	10	化学薬品をよく使う・触れる	□

第3章 皮膚ガスを情報として活用する

3.1 ストレスチェック

科学・技術の発展により，私たちの生活は物質的に豊かで衛生的になり，その結果，日本人の平均寿命は男女ともに80歳を超え，世界でも有数の長寿国となっている。ただし，単に長く生きればよいというわけではなく，病気を抱えずに健康で長生きするのが望ましい。世界保健機関（World Health Organization, WHO）では「健康とは，単に病気ではない，あるいは弱っていないというだけではなく，肉体的にも，精神的にも，そして社会的にも，すべてが満たされた状態にあること」と定義している。そこで近年,「未病」のための対策に関心が高まっている。未病とは，健康と病気の間の状態を指し（**図3.1**），わが国では決して新しい概念・用語ではない。貝原益軒の『養生訓』（1712年）にはすでに未病という用語が用いられ,「病いがまだおこらざる時，かねてつつしめば病いなく」という未病対策の基礎が示されている。

「病は気から」といわれるが，精神面の健康，すなわちメンタルヘルスは未病対策において重要な課題である。生理学者のSelye（1950）は，ストレスを「外部環境からの刺激によって起こる歪みに対する非特異的反応」と考え，ストレス刺

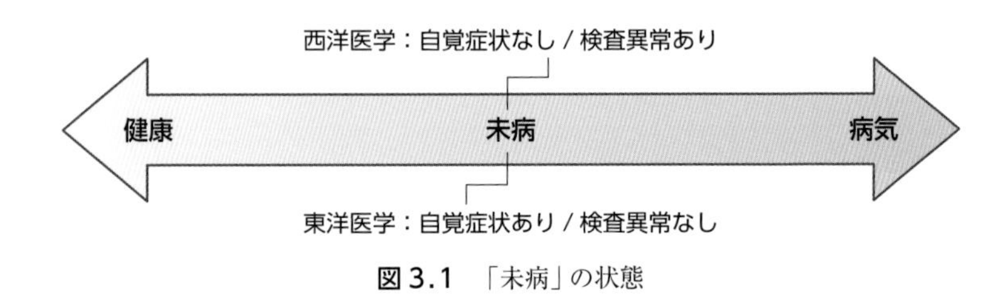

図3.1　「未病」の状態

激（ストレッサー）を「ストレスを引き起こす外部環境からの刺激」と定義した。このストレス刺激に対して，心理面，身体面および行動面の反応として現れる生体の反応をストレス反応という。ストレス刺激は大脳新皮質で受け取られ，神経伝達物質を介して自律神経系や内分泌系に作用する。自律神経系と内分泌系は，免疫系とともにヒトのホメオスタシス（生体恒常性）の維持に深く関わっている。現代社会において，本人の自覚／無自覚によらず，ストレス刺激は日常生活にも溢れており，心や体のバランスを崩している人々は増加し，特に精神障害による労災の請求件数は増加傾向となっている。

ヒトのストレス反応を質的・量的に捉えるため，さまざまな評価法が利用・検討されている（**表 3.1**）。心理学や精神医学の分野で利用される問診型の評価法は，調査票や質問紙を用いて実施するものであり，比較的導入が容易なため，就労者のストレスチェックには最もよく利用されている。ただし，得られる回答は主観的で再現性に乏しく，費用対効果の点での問題も指摘されている。生理学的評価法は，血圧計，脳波計，心電図計などを用いて身体に現れるストレス反応を計測する方法であり，臨床研究において広く用いられている。しかしながら，装置や操作は必ずしも簡便ではなく，被験者に対する負担も少なくない。一方，生化学的評価法は，生体サンプル中のバイオマーカーの量（濃度や活性，組成なども含む）を調べることによって，ストレス反応に起因する物質の量的変化を客観的に把握することを意図するものであり，血中コルチゾール，唾液中アミラーゼなどを用いた研究がなされているが，血液サンプルは侵襲性を伴い，唾液サンプルは感染症などに対する衛生管理が必須となる。そこで注目されるのが，非侵襲・非観血的な生体サンプルである皮膚ガスである。

アンモニアは「疲労臭」とも呼ばれ，運動負荷だけでなく，内田クレペリン検査のような心理的なストレス刺激によっても皮膚放散量が増加することが観測されている（2.3 節参照）。すなわち，皮膚アンモニアはストレス反応に対するバイオマーカーとして利用できる可能性がある。ここでは，心理学的・生理学的評価

表 3.1　ストレス評価法の種類

評価法	例
心理学的評価法	調査票，質問紙など
生理学的評価法	脳波測定，心拍測定，脈波測定など
生化学的評価法	血液検査，尿検査，唾液検査，皮膚ガス検査など

指標との比較研究例を紹介する。

3.1.1 生理学的評価：心拍変動

人の生死を扱う医療現場は，患者やその家族だけでなく医療従事者にとってもストレスフルな状況にあることが多い。医師や看護職には精神疾患の予備群が潜在的に多いとされ，約5%の人にうつ病や不安障害などの傾向があるといわれている。そこで，病院に勤務する医療従事者を対象に，就労中にアンモニア測定用PFS*1) と長時間心電図記録器を同時に装着し，皮膚アンモニア放散量，交感神経指標（LF/HF，後述）および副交感神経指標（HF）を測定した。PFSは左手首に装着し，捕集時間は1回15分とした。心電図は心筋収縮の経時変化を電気的に記録するものであり，心電図波形において最も大きい波形はR波と呼ばれる。R波とR波の間隔（RR間隔）を秒で表し，その逆数に60をかけた値が心拍数となる（**図3.2**）。緊張や不安などの心理的ストレス，疲労や不眠などの身体的ストレスにより交感神経の活動が活発になるとRR間隔は短くなり，心拍数が増加する。このRR間隔を時系列でとり，周波数解析すると，一般に低周波LF（low frequency，0.04～0.15 Hz）と高周波HF（high frequency，0.15～0.5 Hz）の二つの帯域に分けることができる。LFは血圧調整の機能と関連し，交感神経と副交感神経の両方の影響を受け，HFは呼吸変動と関連し，副交感神経が活性化している場合にのみ現れる。したがって，LFとHFの比（LF/HF）は交感神経の活動度の指標，HFは副交感神経の活動度の指標として用いられることが多い。

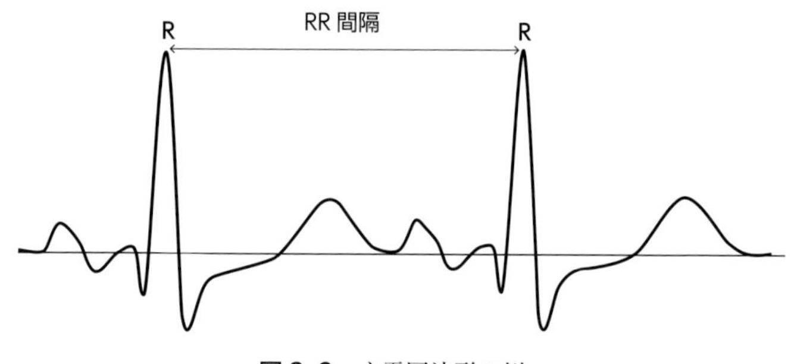

図3.2 心電図波形の例

*1)：捕集材としてセルロース濾紙に2%リン酸，1%グリセリン / メタノール溶液を含浸させたものを用い，捕集したアンモニアは超純水で抽出後，イオンクロマトグラフ法で分離・定量する。

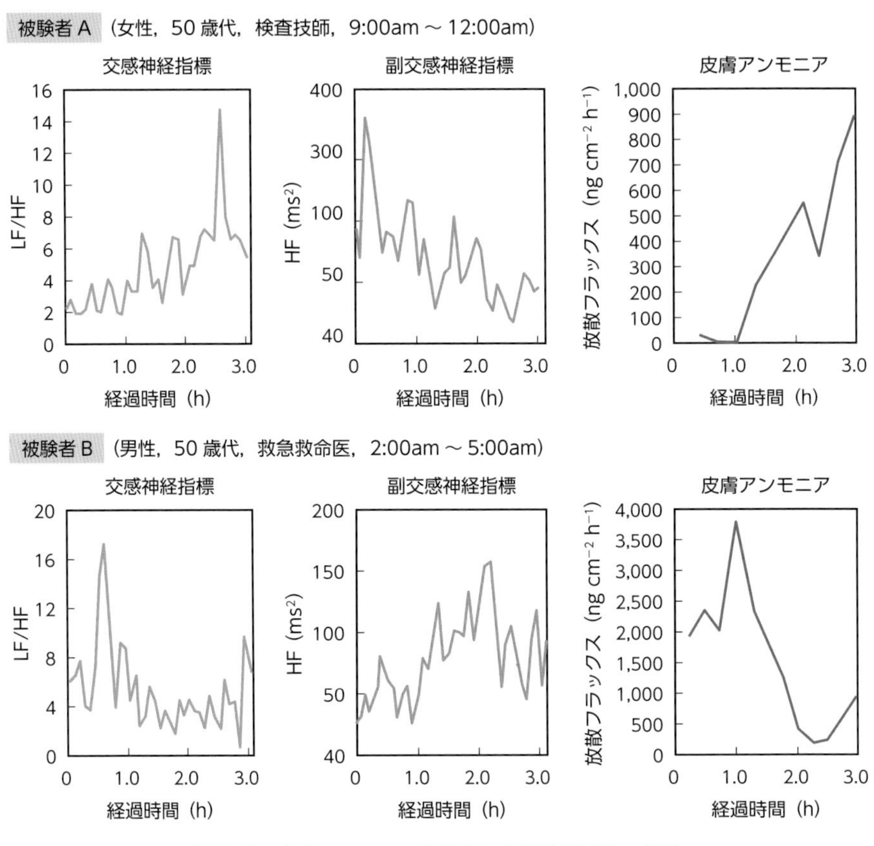

図 3.3 皮膚アンモニア放散量と自律神経活動の関係
皮膚ガス捕集：手首にて 15 分間。

LF/HF 比が大きければ交感神経の優位（緊張・興奮状態），HF が大きければ副交感神経の優位（リラックス・安静状態）を示す。

例として，被験者 2 人の測定結果を**図 3.3** に示す。被験者 A は検査技師であり，試験を実施した日中の勤務中は主として検体検査やレポート作成の業務に従事していた。測定開始から徐々に交感神経指標（LF/HF）が増加し，これに伴って皮膚アンモニアの放散量も増加した。交感神経優位の状態は，心理的ストレス刺激だけでなく，身体的ストレス刺激によっても生じる。しかし，被験者 A の業務は大きな身体的負荷を伴う内容ではないため，この LF/HF の増加は被験者の心理的ストレス反応を反映したものと考えられる。一方, LF/HF が減少に転じ, 副交感神経指標（HF）が漸増すると, 皮膚アンモニアの放散量も減少した。被験者 B は救急救命医であり, 試験は夜間勤務中に行った。測定開始から 45 分経過後まではデスクワークを行っていたが, 交通事故の一報が入ると同時に皮膚アンモニア放散量および LF/HF が著しく増加した。事故の状況や患者の状態に関する情報に基づいて受入れ体制を整える間にいずれの値も減少傾向を示し, 患者到着時（測定開始 2 時間後）には, HF が上昇して冷静に患者に対応した様子が読み取れる。これらのことから, 皮膚アンモニア放散量は, 交感神経が優位になると増加し, 副交感神経が優位になるにつれて減少することがわかる。ただし, 内田クレペリン検査による試験結果と同様, ストレス刺激が解消した後も皮膚アンモニアの放散はしばらく持続する傾向がある。

3.1.2　心理学的評価：心理測定尺度

心理的ストレスの解明には, ストレス刺激と心理的ストレス反応の測定が必須であり, これまで調査票や質問紙を用いたさまざまな心理測定尺度が開発されてきた。心理測定尺度とは, 目に見えない心理現象を把握するための「心のものさし」であり, いくつかの質問に対する回答を得点化することによって心理現象の個人差を把握することが可能となる（横内 2007）。そこで, 大学生（19～25 歳の男女）を対象に, PFS による皮膚アンモニアの測定と心理的ストレス反応尺度を用いた自己記入式評定を同時に実施した。測定は午前中（昼食前）に実施し, 皮膚アンモニアは利き腕と反対の前腕部にて安静時に 30 分間捕集した。心理的ストレス反応尺度には, PSRS-50 R（坂田ほか 1999）を用いた。この尺度は, 被験者の直近 1 週間の日常的に感じている心理的ストレス反応を問うものであり, 以下を測定する計 12 下位尺度, 55 の質問項目からなる。

- 情動領域の反応として抑うつ気分, 怒り, 不安
- 意欲領域の反応として自信喪失, 無気力, 絶望
- 対人領域の反応として引きこもり, 依存, 対人不信
- 思考領域の反応として侵入的思考, 思考力低下
- 高揚感

被験者は，各質問項目に対して5段階（0:まったくなかった，1:たまにあった，2：ときどきあった，3：しばしばあった，4：大体いつもあった）で自己評定する。さらに，心理的ストレス反応と関連のある身体症状として24症状，たとえば，体がだるい，頭が重い，食欲不振などの自覚の有無を2点法（0：なし，1：あり）で回答する。合計点数が高いほど心理的ストレス反応が大きいと判断できる。

アンモニアには食事内容が影響するため，朝食を摂らなかった被験者9人を抽出し，アンモニアの皮膚放散量と各下位尺度に対する回答の点数の散布図を作成した。**図3.4**に示すように，抑うつ気分，不安，自信喪失，無気力，絶望，引きこもり，対人不信，思考力低下，侵入的思考，および身体反応については，いずれもアンモニア放散量が多い人ほど高い点数となり，有意な正の相関関係がみられた。怒りと依存については明確な関係がみられなかったが，高揚感についてはアンモニア放散量が高い人ほど低い点数となり，有意な負の相関関係となった。このことから，日常で感じている心理的ストレスも，アンモニアの皮膚放散量に反映されることがわかる。

日本における喫煙者の割合は，年々減少傾向にある。しかしながら，なかなか喫煙習慣を止められない人がいる。たばこの煙に含まれるニコチンは，体内に取り込まれると全身に広がり，中枢神経にあるニコチン受容体に結合すると，脳内報酬系と呼ばれる神経回路[*2)]に作用して「心地よさ」をもたらす。すなわち，喫煙することによって素早く簡単に心地よい状態が得られるため，喫煙を止められず依存的になってしまう。喫煙者のストレス感は喫煙する前に高く，喫煙した直後に低下し，次の喫煙までの間に増加するといわれる。

図3.5は，加熱式たばこを常用している被験者（男性，50代）が，加熱式たばこを使用する前後に皮膚から放散するアンモニアを測定した結果である。使用前のアンモニア放散量は307 ng cm^{-2} h^{-1}であったのに対し，使用直後は212 ng cm^{-2} h^{-1}に減少し，1時間後には最も低い値となった。このことから，被験者のストレスは加熱式たばこの使用により一時的に緩和され，リラックス状態が得

*2)：米国の心理学者ジェームズ・オールズは，ラットの脳に微弱な電流を与えたところ，ラットはその「刺激を好む」行動を示し，脳の中に「仕事に対する報酬」のような働きをする神経系があることを突き止め，脳内報酬系と命名した。ニコチンには脳内報酬系に作用し，ドパミンやβエンドルフィンのような神経伝達物質を放出させ，「心地よさ」をもたらす作用がある。

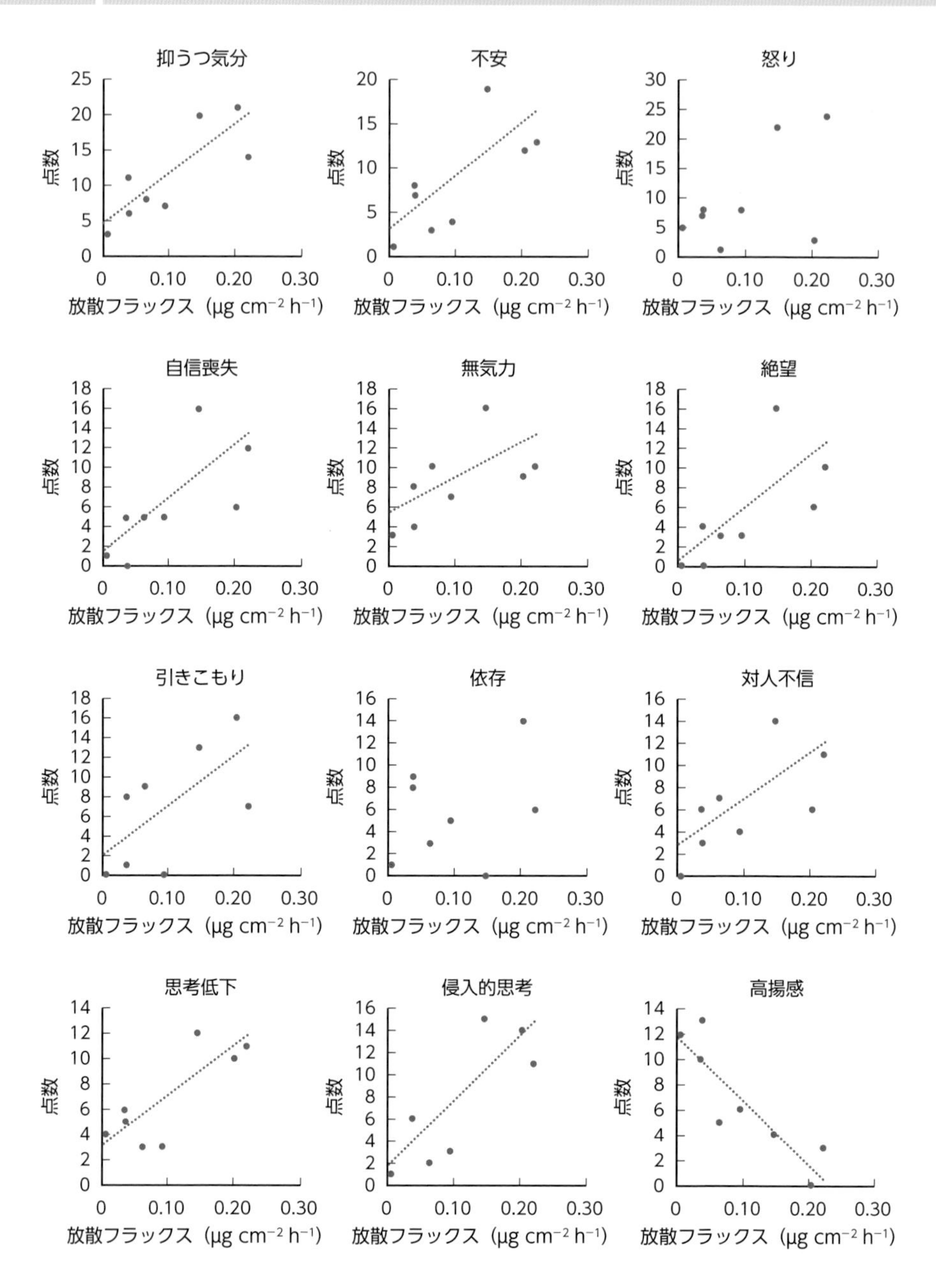

図 3.4　皮膚アンモニア放散量と心理的ストレス反応尺度における回答結果の関係
大学生 9 人，朝食非摂取，皮膚ガス測定：前腕部にて 30 分間。点線：有意な相関関係。

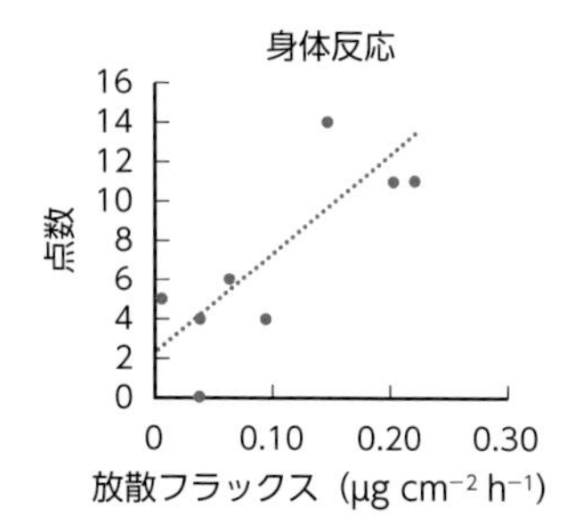

図 3.4 皮膚アンモニア放散量と心理的ストレス反応尺度における回答結果の関係 (つづき)

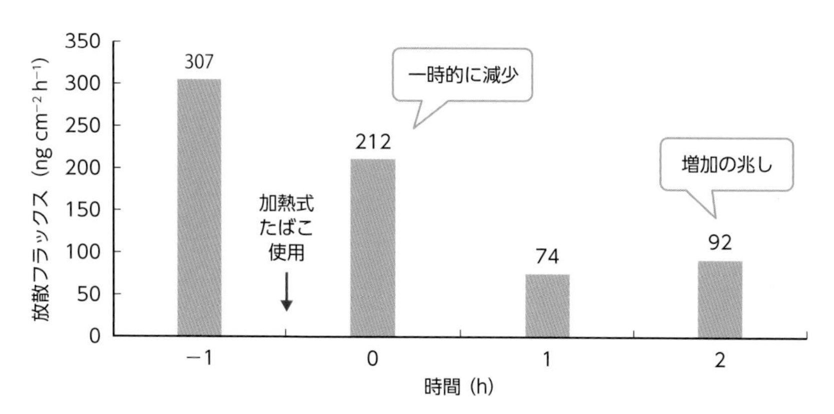

図 3.5 加熱式たばこ使用者の皮膚から放散するアンモニアの経時変化
男性１人，皮膚ガス捕集：前腕部にて１時間，２回繰り返し試験の平均値。

られたものと考えられる。しかしながら，2 時間後から増加する兆しがみられた。この傾向は，他の被験者に対して調べた時も同様であり，体内からニコチンが消えることでイライラ感などが増加し，次の使用を求めることにつながっていると解釈できる。皮膚アンモニアは，喫煙者のたばこに対する依存性を客観的に評価するバイオマーカーとして利用できると考えられ，喫煙行動の理解，さらには禁煙指導にも有用である。

コラム ストレスを可視化

アンモニアを日常のストレスチェックに活用する際，測定結果をリアルタイムで可視化できればより有用である。アンモニア・インジケーターは，皮膚から放散するアンモニアと反応して薄い黄色から赤紫色に変化するウェアラブルデバイスである。腕時計のように手首に取り付け，15分経ったら色を目視で観察する。色が濃く変化した場合，緊張や不安など，何らかのストレスを受けている可能性がある。筆者も講演をする際に使用することがあり，やはり緊張している時は色の変化が著しい。一方，聴衆にも着用してもらった際，さらに色濃く変化していたことがあった。どうやら筆者の講演がストレスになっていたらしい…。このインジケーターは，目に見えないストレスを可視化することができ，ストレスの少ない社会を実現する一助になることが期待される。

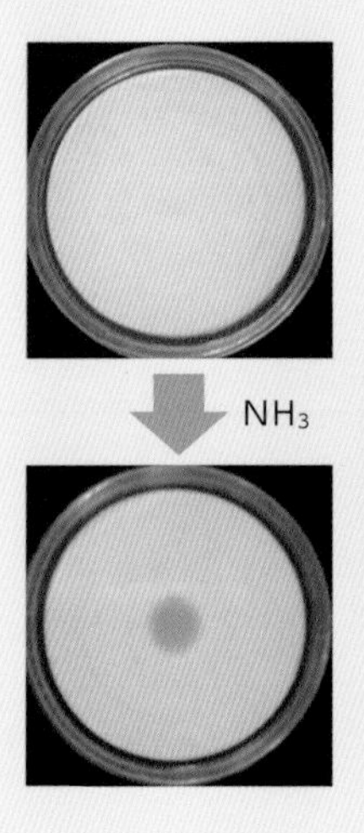

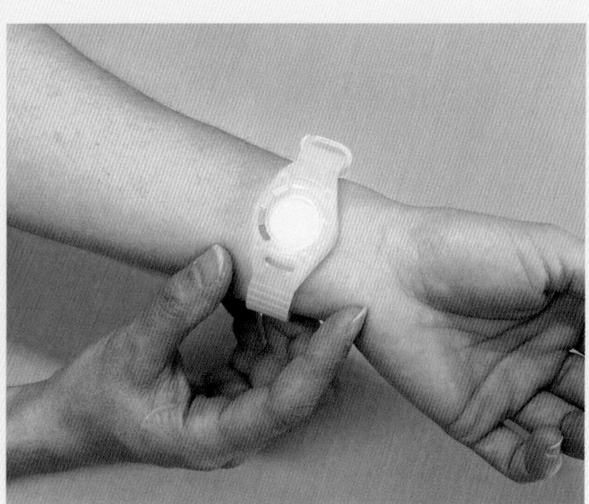

図 アンモニア・インジケーター

3.2 アルコール検知

酒気帯び運転は，重大な事故を引き起こすおそれがある。現在，アルコール検知は生体サンプルとして呼気を利用するのが主流である。呼気は大量に繰り返し捕集できるメリットがあり，生体ガスの中では最も研究報告が多い。ただし，呼気の排出量は常に一定ではなく，意識的に変えることも可能であり，また口腔内の臭気物質の混入が誤差要因となるため，定量的な検査法として標準化するには課題が残ることが指摘されている。それに対して，皮膚ガスの放散は自律的であり，意識的にその放散量を変えることはできない。したがって，捕集面積および捕集時間を定めることにより，定量性に優れた検体検査が可能となる。また，生体ガスの中でも，皮膚ガスは体表面から取得できる唯一の生体サンプルであり，体表面から得られる生体信号は，情報通信技術（information and communication technology, ICT）と融合したモバイル型あるいはウェアラブル型端末機器との相性もよい。同乗者のいる自動車内でも，接触型のセンシングデバイスを用いれば，他者の皮膚ガスの混入を防ぐことが可能である。

呼気と同様に，飲酒のバイオマーカーとしてはエタノールが好適と思われる。しかしながら，2020 年初頭から新型コロナウイルス感染症の接触感染を防止するため，エタノール溶液による手指消毒が励行された。手掌部を消毒すれば，当然手掌部からエタノールが放散される。さらに，エタノールの一部は皮膚から吸収され，前腕部など他の部位の表面から放散されるため（**図 3.6**），エタノール以外の皮膚ガス成分をバイオマーカーとする必要がある。

自動車の車内で皮膚ガスを検知する場合，ハンドルやシフトギアなど，手で自然に触れられる箇所にセンサーを設置することが好ましい。そこで，手掌部に着目した。成人健常ボランティア 4 人を対象に手掌部の母指球に PFS を設置し，飲酒に伴う皮膚ガス組成の変化を調べた。アルコール飲料はビールとし，飲酒量は被験者の体重を考慮して 405 ～ 675 mL に設定した。これは道路交通法第 65 条で定める酒気帯び運転「呼気 1 L 中のアルコール濃度 0.25 mg 以上」（違反点数 25 点）に相当する飲酒量である。また，心理項目として「酔い感」「全身温冷感（寒

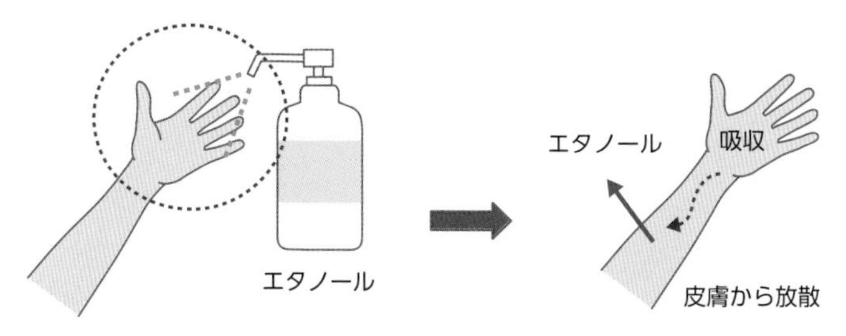

図 3.6　エタノールの放散
エタノールで手指消毒すると，一部が吸収され皮膚から放散される。

さ，暑さ)」「眠気」および「尿意」について質問紙を用いてヒアリングした。その結果，エタノールの代謝物であるアセトアルデヒドのほかに，アセトンや酢酸が高い頻度で検出され，また比較的放散量も多かった。一方，プロピオン酸の放散量は，「眠気」に関する4段階評価値が高くなるほど多くなる傾向がみられ，またヘキサン酸（カプロン酸）は「暑さ」を感じるほど放散量が低くなる傾向がみられた（**図3.7**）。従来，プロピオン酸やヘキサン酸は皮膚常在菌の作用によって生成すると考えられてきたが，これら短鎖脂肪酸（SCFA）が内因性の皮膚ガスであり，飲酒に伴う血管運動（拡張・収縮）の状態を反映することが示唆された。

そこで，アセトアルデヒド，アセトンおよび酢酸を用いて代謝指標を，プロピオン酸およびヘキサン酸を用いて血管運動指標をそれぞれ作成した。

$$\text{代謝活動指標} = \frac{[\text{アセトン}]}{[\text{アセトン}] + [\text{アセトアルデヒド}] + [\text{酢酸}]}$$

$$\text{血管運動指標} = \frac{[\text{ヘキサン酸}]}{[\text{ヘキサン酸}] + [\text{プロピオン酸}]}$$

これらの指標はいずれも無次元であり，式中の［物質名］は各物質の放散フラックス（ng cm^{-2} h^{-1}）を表す。血管運動指標を横軸に，代謝活動指標を縦軸にとり，被験者15人の飲酒・非飲酒状態における皮膚ガスデータをプロットしたところ，母指球における飲酒後のデータは代謝活動指標値0.4以上，血管運動指標値0.3以上の領域に集まる傾向がみられた（**図3.8**）。この領域内には全53データがプ

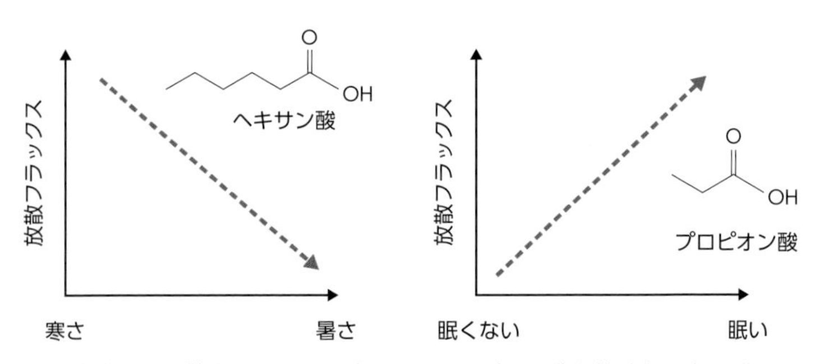

図3.7　皮膚から放散するヘキサン酸およびプロピオン酸と被験者の心理項目の関係
被験者4人，皮膚ガス捕集：手掌の母指球にて1時間。

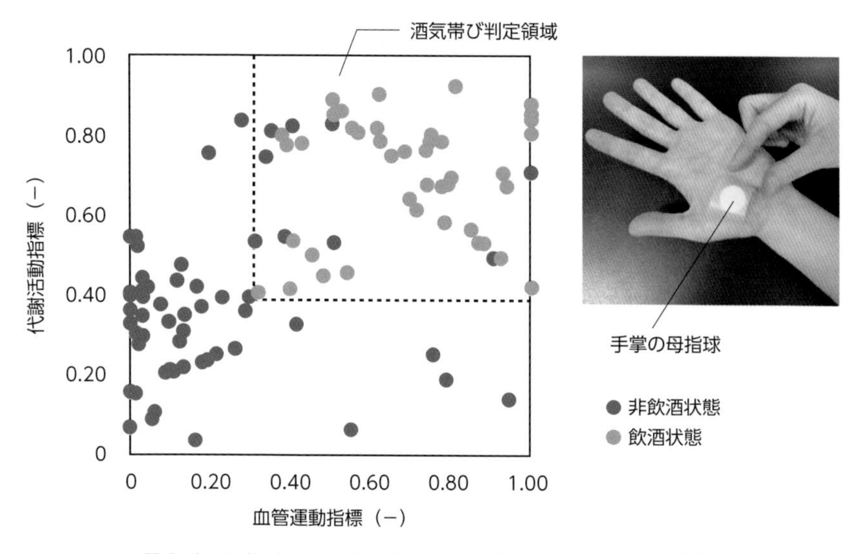

図 3.8　母指球から放散する皮膚ガス成分による酒気帯び判定
福嶋ら（2021）より引用改変。

ロットされ，非飲酒状態のデータも 8 プロット存在するが，この範囲を酒気帯び判定領域とすると判定率は 85%となる。このことは，エタノール以外の皮膚ガス成分でも酒気帯び状態を判定できる可能性があることを示している。酒気帯び運転による悲惨な事故を撲滅するためにも，皮膚ガスを有効に利用したい。

3.3　睡眠の質を知る

ストレスや疲労は，不眠や睡眠不足の原因になる。現代人の睡眠時間は短くなる傾向にあり，睡眠不足が覚醒時の集中力低下，うつ病や動脈硬化，糖尿病などを引き起こす可能性がある。したがって，ヒトがよい睡眠をとれているかどうか，すなわち睡眠の質を知ることは重要である。

一般に，ヒトが睡眠に入ると最初に深い睡眠が現れ，90～100 分サイクルでレム睡眠とノンレム睡眠が繰り返される。睡眠後期には睡眠は次第に浅くなり，覚醒に向かう。レム睡眠時は，脳が活動して覚醒状態にあり，夢をよく見るが，身体は骨格筋が弛緩して休息状態にあり発汗を伴わない。一方，ノンレム睡眠時は，

表 3.2 レム睡眠とノンレム睡眠の違い

レム睡眠	ノンレム睡眠
浅い眠り	深い眠り
急速眼球運動を伴う	急速眼球運動は伴わない
朝方にかけて長くなる	睡眠の前半に多く出現
発汗が著しく減る	発汗を伴う
筋肉が弛緩	筋肉が緊張

脳は休眠しているが，筋肉の活動は休止せず，発汗に伴い体温はわずかに低下する（**表 3.2**）。すなわち，正常な睡眠時にはレム-ノンレム睡眠のサイクルに応じた発汗サイクルが生じる。

酢酸は，酢のにおいがする臭気物質であり，発汗のバイオマーカーとなる皮膚腺由来の皮膚ガスである（1 章参照）。酢酸の放散には発汗が強く関与しており，安静時では発汗量が多い部位から比較的多く放散し，また発汗量の増減に伴い皮膚からの放散量が変動する（関根ら 2018）。そのため，睡眠中の発汗サイクルを皮膚酢酸によってモニターすることが可能である。**図 3.9** は被験者 A（男性，23 歳）の 0：00〜6：00 までの夜間睡眠時における睡眠経過図と酢酸の皮膚放散量の関係である。測定は東海大学医学部付属病院にて行い，睡眠の状態は睡眠ポリグラフにより計測し，皮膚酢酸は 1 時間ごとに前腕部にて捕集した。この被験者は，寝始めから最も深い睡眠（ノンレム睡眠のステージ 4）に入り，その後はレム睡眠，ノンレム睡眠を繰り返し，レム睡眠は合計 3 回，ノンレム睡眠のステージ 4 は合計 5 回出現していた。また，明け方に向けてレム睡眠の占める時間が支配的になった。このことから，被験者 A はレム-ノンレム睡眠が繰り返されて覚醒へ向かったことがわかり，「よく眠れている」と評価できる。酢酸の皮膚放散量は，入眠直後に高値を示し，明け方に向けて減少していた。

図 3.10 は被験者 B（男性，22 歳）の 0：00〜6：00 までの夜間睡眠時における睡眠経過図と酢酸の皮膚放散量の関係である。なお，皮膚酢酸は 30 分ごとに前腕部にて捕集した。この被験者は，数分程度のステージ 2〜3 の脳波が数回現れる程度で，レム睡眠も明け方に 1 回しか現れず，ほぼ覚醒状態であった。しかしながら，覚醒状態からノンレム睡眠に入る時に酢酸の皮膚放散量が増加する傾向があり，これは，ノンレム睡眠に入るために行われた発汗によるものであると考えられる。

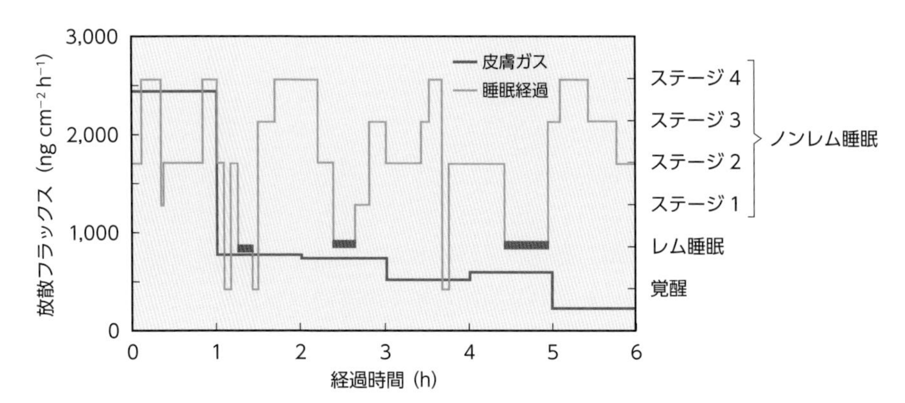

図3.9　被験者 A の睡眠経過図および酢酸の皮膚放散量の経時変化

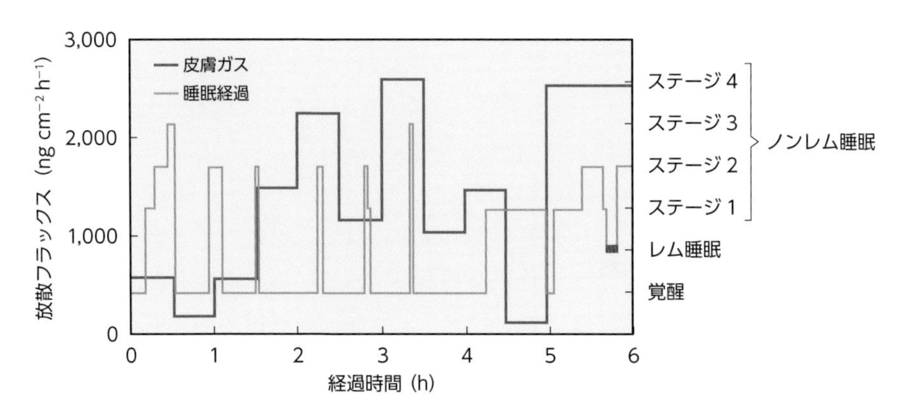

図3.10　被験者 B の睡眠経過図および酢酸の皮膚放散量の経時変化

寝汗とは，睡眠中の汗が異常に増え，不快感を伴う現象である。寝汗は肺結核などの疾患によっても起きることがある。皮膚から放散する酢酸は，睡眠に伴う発汗のバイオマーカーとなり，これを連続的にモニターすることにより，睡眠の質とともに発汗の状態を介して健康状態についても知ることができる。

3.4　がんの診断

がん（悪性腫瘍）は，正常な細胞の遺伝子が損傷してできた異常な細胞が，無秩序に増え続けて発生する病気である。厚生労働省によると，日本人の死亡の原因で最も多いのはがんであり，およそ4人に1人ががんで死亡している。現在，がんは，血液検査，各種画像検査，組織細胞検査などにより評価されている。がんの早期発見は患者の生命予後を延ばす上で重要であるが，膵臓がんのように早期発見が困難な腫瘍も少なくない。また，従来の検査方法は少なからず患者への侵襲を伴う。理想的ながんの評価方法は，早期診断可能な高い感度・特異度を有し，患者への侵襲も少なく，簡便な方法であり，特に今後需要が増加する遠隔医療・在宅医療に適したがんの早期診断法の開発が望まれている。たとえば，嗅覚に優れたイヌや線虫が，がん患者からの尿サンプルに対して反応して，がんを判別すると報告されている (Willis et al. 2004, Hirotsu et al. 2015)。イヌや線虫は，がん患者特有のにおい物質を感知することで，がん患者か否かを判別していると考えられる。また，呼気ガスや腸内ガス，がん組織やがん細胞から放出されるガスからがんのガス状バイオマーカーを探索する試みがなされており，いくつかの候補物質が挙げられている (**図 3.11**)。しかしながら，いずれもがんに特異的とはいえず，未だ有力なものは見出されていない。

膵臓は，体の断面の CT 画像において「へ」の字に見える臓器である (**図 3.12**)。膵液を分泌して三大栄養素を消化するほか，インスリンなどのホルモンを分泌して血糖値を調節する重要な働きを担っている。膵臓がんは主に膵管に発生する。国立がん研究センター (2023) によれば，2019 年の膵臓がん診断数は 43,865 人であったのに対し，2020 年の死亡数は 37,677 人となっており，見つ

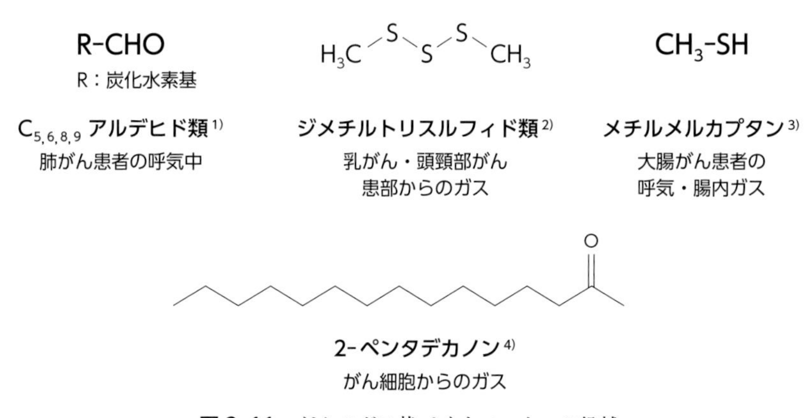

図 3.11 がんのガス状バイオマーカーの候補
1：Fuchs et al. 2010, 2：Shirasu et al. 2009, 3：Yamagishi et al. 2012, 4：Lee et al. 2018.

かった段階ではすでに進行している場合が多い。がんの進行度はステージで表され，遠隔転移を認めるステージⅣの膵臓がん患者の場合，5年相対生存率は1.5％とされている。膵臓の機能が損なわれ，さらに他の臓器の機能も低下すると，代謝物などにも影響し，皮膚ガス組成も変化する可能性がある。

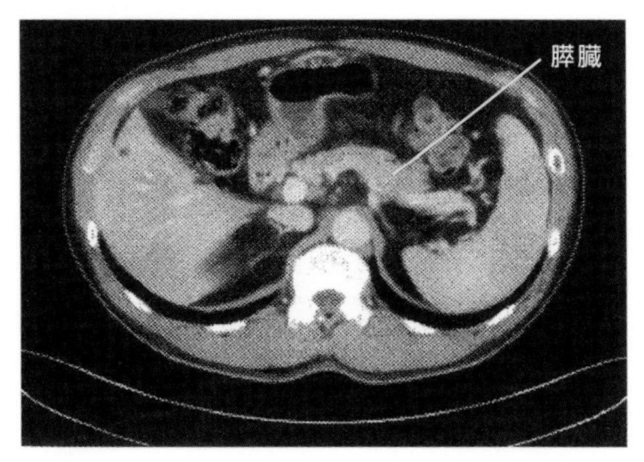

図3.12 CT画像における正常な膵臓の様子

図3.13は，健常者4人（男性，52 ± 5.4歳）および膵臓がん患者4人（男性，58 ± 6.5歳，ステージⅣ）の前腕／上腕部から捕集した皮膚ガス75成分を比較したものである。膵臓がん患者はいずれも入院患者である。皮膚ガスには性別や年齢依存的に変動する成分があり，また検体に協力してもらえるがん患者は高齢者が多いため，ここでは，対照となる健常者については同年代の男性のみをピックアップした。健常者においては発汗のバイオマーカーである酢酸の皮膚放散量が顕著に多いことがわかる。一方，個人差はあるが，炭水化物の代謝物であるアセトアルデヒド，脂質の代謝物であるアセトンの皮膚放散量の平均値は，健常者よりも膵臓がん患者の方が有意に多かった。トルエンやキシレンなどは外因性の皮膚ガス成分であり，本来であれば肝臓で分解されて排出されるはずであるが，膵臓がん患者の場合は肝臓へがんが転移することがあり，それによる肝臓機能の低下が皮膚ガスとしての放散に反映されたものと考えられる。プロパノールからデカノールまでのアルコール類は，同等または健常者の方がわずかに多い傾向にあった。しかし同じアルコールでも，2-エチル-1-ヘキサノール（2E1H）は膵臓がん患者の方が多かった。2E1Hも外因性の化学物質と考えられ，塩化ビニルなどに可塑剤として添加されるフタル酸ビス（2-エチルヘキシル）に由来する。内臓機能の低下は，これら外因性化合物の分解力を弱めてしまうようである。

このように健常者と膵臓がん患者の皮膚ガス組成には多くの点で相違がみられたため，皮膚ガス組成のパターン認識に基づいて，がんの評価ができないかを検討した。人工知能（artificial intelligence, AI）は，人間の脳の構造を工学的にモ

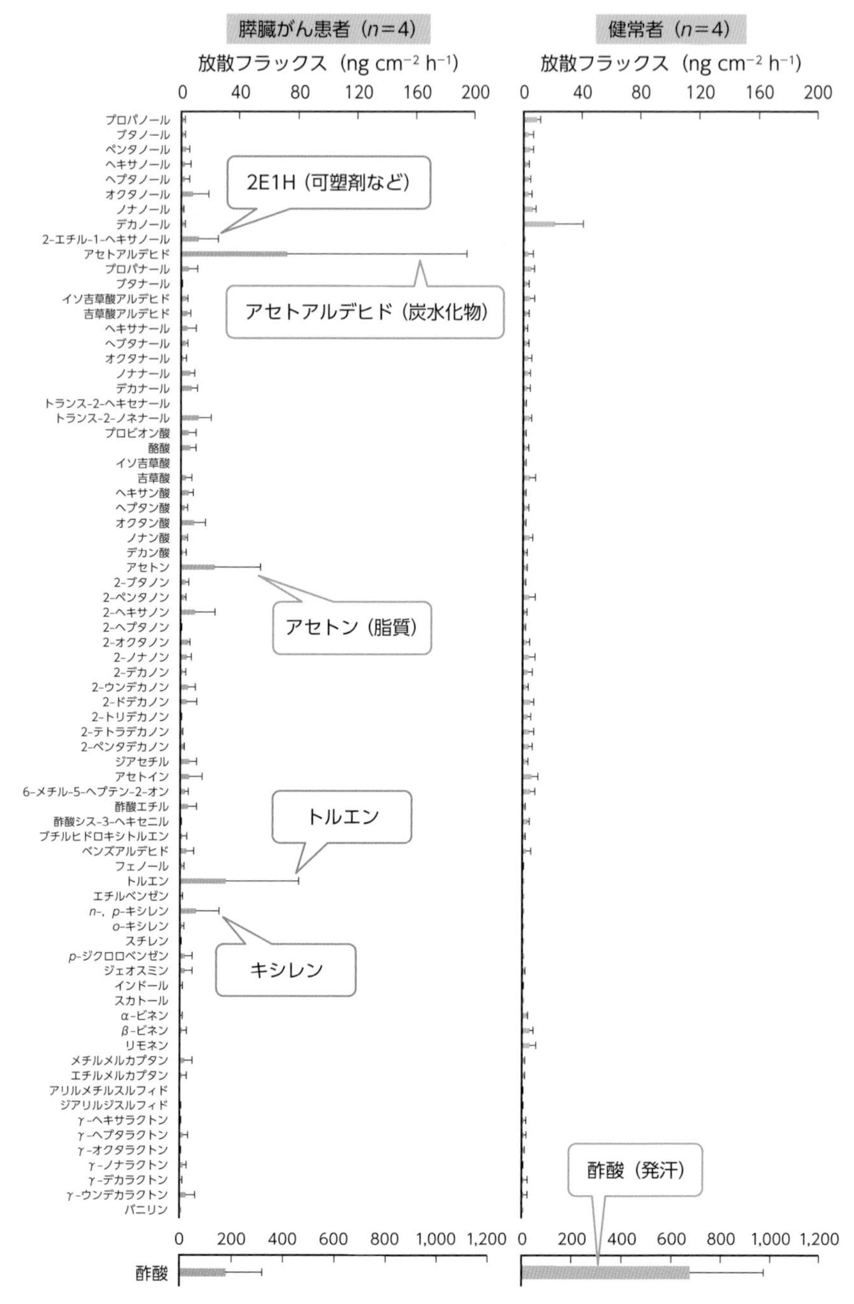

図 3.13　健常者および膵臓がん患者（ステージ IV）の皮膚ガス組成の比較
男性，各 4 人，皮膚ガス捕集：前腕または上腕部にて原則 1 時間。

デル化し，認識，判断，記憶，学習能力などの高度な働きをコンピューター上で実現させるシステムである。ニューラルネットワークは，パターン認識に特化した人工知能の一手法であり，データの入力層，中間層および出力層から構成され，脳の神経細胞（ニューロン）をモデル化したニューロン素子を介して信号が伝達される（**図 3.14**）。中間層のニューロン素子は，他のニューロンからの信号を受け取る複数の入力端子と，受け取った信号に応じて自らの興奮の度合いを定めて信号を発信する出力端子をもっており，ニューロンが階層構造で結合している。そこで，膵臓がん患者および健常者の皮膚ガスデータにニューラルネットワークを適用し，皮膚ガス組成のパターン認識に基づくがんの判別可能性を調べた*3)。

学習データとして，膵臓がん患者 17 検体（ステージ IIA，IIB，III，IV），健常者 19 検体の皮膚ガス組成を入力し，がんの有無を予測する評価データとしてランダムに選択した膵臓がん患者 3 検体，健常者 3 検体の皮膚ガス組成を入力した。がんの有無の判定に用いるダミー変数の値として，膵臓がん患者＝1，健常者＝0 を従属変数，皮膚ガス 75 成分の放散フラックスを要因として入力してニューラルネットワークを構築した。がんの有無を予測する評価データに用いた 6 検体の評価結果を**表 3.3** に示す。驚くべきことに，膵臓がん患者の予測値はいずれも 1 となり，疑似確率 99.9％で正解と判定された。また健常者の予測値はいずれも 0 となり，疑似確率 99.9％で正解と判定された。このことから，構

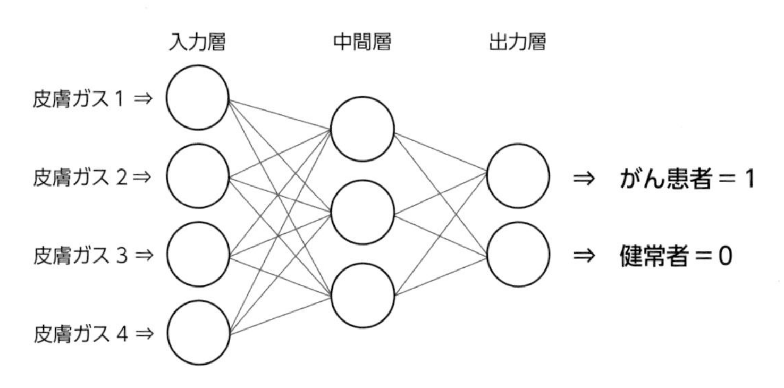

図 3.14 階層型ニューラルネットワークの概念図

---

*3)：ニューラルネットワークの構築には IBM SPSS Statistics 28 Neural Networks を用い，学習データとテストデータ（過学習を防ぐため予測誤差の追跡に使用するデータ）の割り当て数は 7：3 とし，アーキテクチャは自動構築とした。

表3.3 ニューラルネットワークによる膵臓がん患者と健常者の判別予測結果

評価データ	予測値	疑似確率		判定
		がんなし	がんあり	
膵臓がん患者 #1	1	0.001	0.999	正解
膵臓がん患者 #2	1	0	1	正解
膵臓がん患者 #3	1	0.001	0.999	正解
健常者 #1	0	0.999	0.001	正解
健常者 #2	0	1	0	正解
健常者 #3	0	0.999	0.001	正解

築したニューラルネットワークにより膵臓がん患者と健常者の判別が可能であることがわかった。

膵臓がんを例に挙げたが，個々の疾病・病態を反映する組成に焦点化することにより，がんの種類・進行度の判別も可能と考えられる。皮膚ガス情報の活用により，がんを早期発見できれば，適切な医療により救える命も増えるであろう。

3.5 熱傷のモニタリング

熱傷（やけど）とは，熱による皮膚・粘膜の傷害のことであり，日常でありふれた外傷の一つである。熱傷の深さと組織の損傷の広さによって，I 度，II 度，III 度に分類される。熱傷の創部（創傷ができた部分）は，通常ガーゼによって覆われ，包交（包帯交換）されるため，治癒の程度を直接観察するのは難しい。特に，重度の熱傷患者の場合，創部の面積が広いため，ガーゼの交換は患者・医療従事者双方にとって負担が大きい。そこで，熱傷創部から放散される皮膚ガスにより，熱傷の治癒程度を把握できないかと考えた。

東海大学医学部付属病院には，熱傷患者を集中的に治療する熱傷センターがある。集中治療中の重度熱傷患者（火炎または熱湯による熱傷）を対象に，包交に用いたガーゼを回収し，創部揮発性ガスを調べたところ，熱傷治療後の経過に伴い，アンモニア，ジメチルアミンおよびトリメチルアミンの放散量が増減する傾向がみられ，特にアンモニアは顕著であった。重度熱傷患者では，肝機能の低下または損傷した筋肉における AMP からのアンモニア産生によって，血中アンモニア濃度が増加することが知られており（Takeda 1966，2.3 節参照），血中濃度の変化が体表面から放散されるアンモニアの量に反映されたものと考えられるため，熱傷のバイオマーカーをアンモニアに定めた。ただし，熱傷という外傷の特性上，皮膚表面に直接皮膚ガス捕集器具を設置するのは難しい。そこで，センター病室内に拡散した空気中のアンモニアをモニターできないかと考えた。センター内にはカーテンで仕切られたベッドが3床あり，空調設備により気流・温熱条件が常時制御されている。熱傷患者の体表面から放散されるアンモニアの拡散挙動を数値流体解析 *4) により推定したところ，アンモニアは患者の頭部付近を通過して天井方向に拡散する傾向があり，頭部付近は空気中濃度が比較的高くなると推定されたので，測定地点とした（**図 3.15**）。

図 3.16 A に病室室内空気中アンモニア濃度の測定結果の一例を示す。被験者は，男性 40 代，火炎による熱傷，熱傷面積 50％であった。重度熱傷創の治療は筋膜上までデブリードマン（壊死組織を除去）後に自家分層植皮を行うのが一般的であり，この症例では入院後手術を3回実施し，患者は創閉鎖後に退院した。空気中アンモニア濃度は術中・術後に上昇し，その後経過日数とともに減少し，創閉鎖後は熱傷センター内に人がいない時の濃度レベル（バックグラウンドレベル）になった。これは，回収したガーゼから揮発したアンモニアの量とも連動しており，熱傷の治癒の経過と気中アンモニア濃度に関連性が見出された。

図 3.16 B は，男性 40 代，火炎による熱傷，熱傷面積 70％の被験者の例である。この症例では入院後手術を4回実施したが，最終的に被験者は死に至った。空気中アンモニア濃度は回収したガーゼから揮発したアンモニアの量とも連動した。ただし，最終的には空気中濃度はバックグラウンドレベルよりも高い水準を維持した。

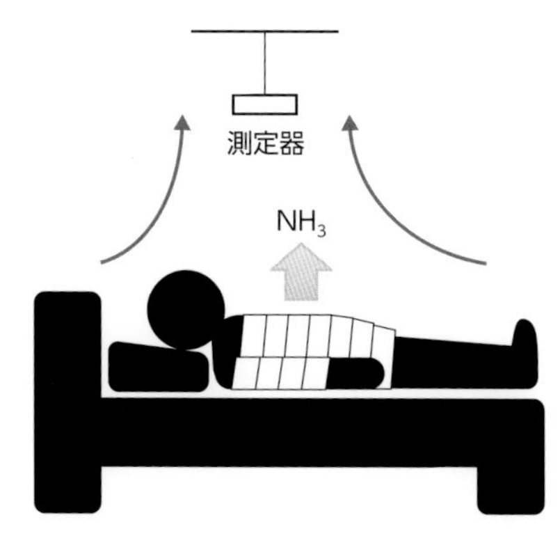

図 3.15 熱傷患者の皮膚ガスを空気中でキャッチ

---

*4)：CFD（computational fluid dynamic）とも呼ばれ，空気の流れや熱の移動といった流体の流れをシミュレーションする解析手法。

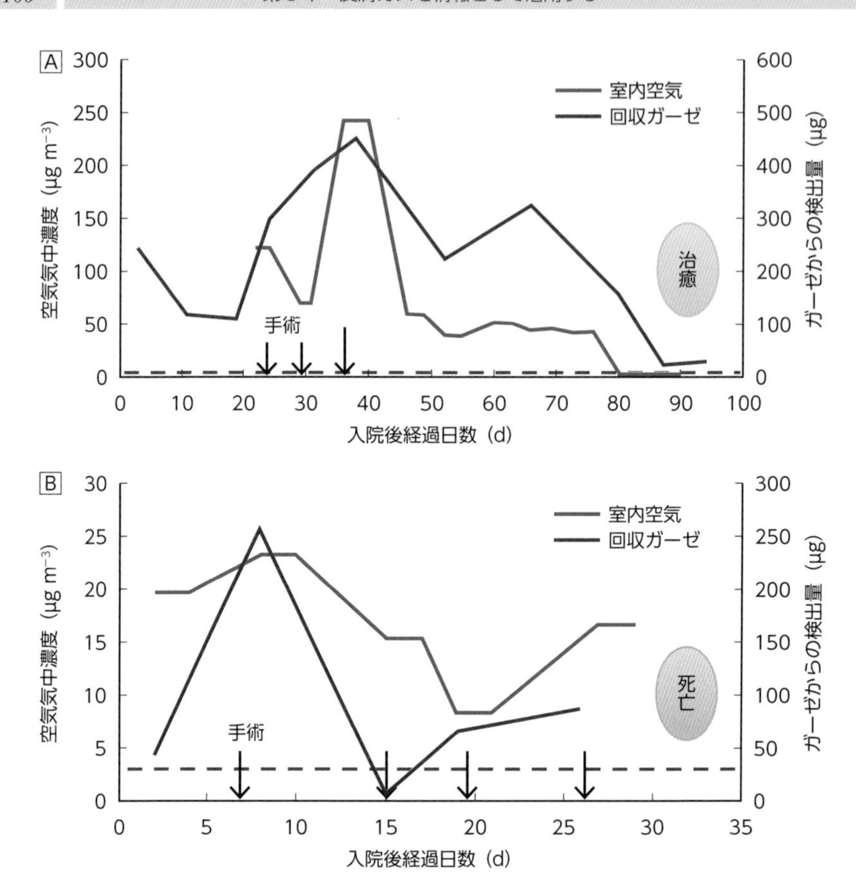

図 3.16　熱傷患者入院中の室内空気中アンモニア濃度の変化
A：男性 40 代，火炎熱傷，自家移植・創閉鎖後退院。B：男性 40 代，火炎熱傷，同種移植・死亡。図中の点線は，同病室バックグラウンド濃度を示す。Kimura et al.（2016）より引用改変。

以上のことから，熱傷の治癒の経過と空気中アンモニア濃度には関連があり，空気中に拡散した創部揮発性ガスは治癒程度の客観的評価にも利用できると考えられる。

3.6　農薬中毒のモニタリング

わが国で発生する農薬中毒の原因は，服毒自殺が約 7 割を占め，事故や職業曝露よりも圧倒的に多い。またその原因物質としては，グリフォサート，フェニト

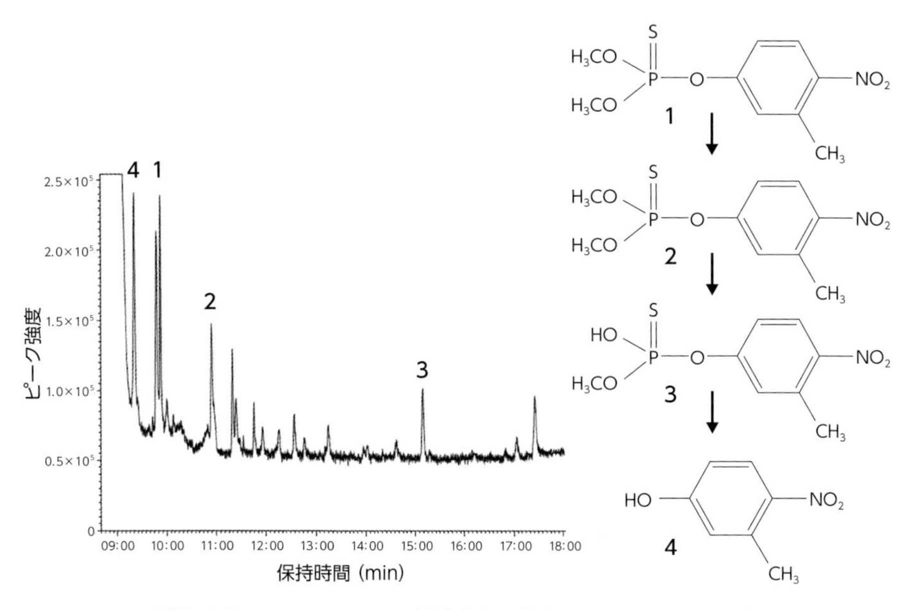

図 3.17 フェニトロチオン服毒患者の皮膚ガス成分の GC-MS とフェニトロチオンの代謝生成物

1：フェニトロチオン，2：フェニトロオキソン，3：脱メチルフェニトロオキソン，4：3-メチル-4-ニトロフェノール

ロチオン，パラコート，オルトジクロロベンゼンなどが挙げられる。

東海大学医学部付属病院に入院した有機リン系殺虫剤フェニトロチオンの服毒患者に対して，PFS を用いて前胸部からの皮膚ガス測定を試みた（Umezawa et al. 2018）。当初はエネルギー基質の代謝生成物を測定する意図であったが，GC-MS による分析の結果，驚くべきことにフェニトロチオンと思われるピークが検出され，標準物質の分析データと照合してフェニトロチオンであることを確認した。さらに，他のピークについてライブラリー検索したところ，代謝生成物であるフェニトロオキソン，脱メチルフェニトロオキソン，3-メチル-4-ニトロフェノールと思われるピークが検出された（**図 3.17**）。

フェニトロチオンはアセチルコリンエステラーゼ[*5)]に不可逆的に結合して，

*5)：アセチルコリンは神経伝達物質であり，神経からの信号を伝達後，アセチルコリンエステラーゼによって分解される。しかしアセチルコリンエステラーゼが活性を失うと，アセチルコリンが分解されず，神経伝達における信号の混線が生じ，疾病につながる。

中毒症状を呈する。解毒薬であるヨウ化プラリドキシムは遊離状態のフェニトロチオンを中和することは可能であるが，アセチルコリンエステラーゼに結合したものは中和できないため，服毒患者の中毒症状は，フェニトロチオンの血中濃度が検出限界以下となっても継続することがある。また，臨床現場で測定されているコリンエステラーゼはブチリルコリンエステラーゼであり，有機リン服毒患者の中毒症状と，その値の推移は解離しているため，臨床経過の推定が難しい。今回の被験者においても，フェニトロチオンの血中濃度は臨床経過に伴って低下したが，依然として中毒症状を呈していた。一方，皮膚から検出されたフェニトロチオンの放散量は，血中濃度よりも緩やかに減少する傾向がみられた（**図 3.18**）。また，代謝生成物の放散量は緩やかに上昇し，コリンエステラーゼ活性の回復と類似の傾向を示した。これら皮膚ガスとして検出された農薬関連成分の推移は，中毒症状の臨床経過と相関していた。

別の症例では，ビピリジニウム系除草剤パラコートを摂取したと述べる服毒患者に対して皮膚ガス測定を行った（川本ら 2022）。患者はドクターヘリで搬送中，「パラコートを 500 mL 飲んだ，死にたい」と述べ，意識障害もみられた。医師はパラコート中毒疑いとして治療にあたったが，前胸部の皮膚からはオルトジクロロベンゼンが検出され，パラコート関連物質は検出されなかった。後日，患者の自宅で発見された農薬は，オルトジクロロベンゼンを主成分とするものであり，

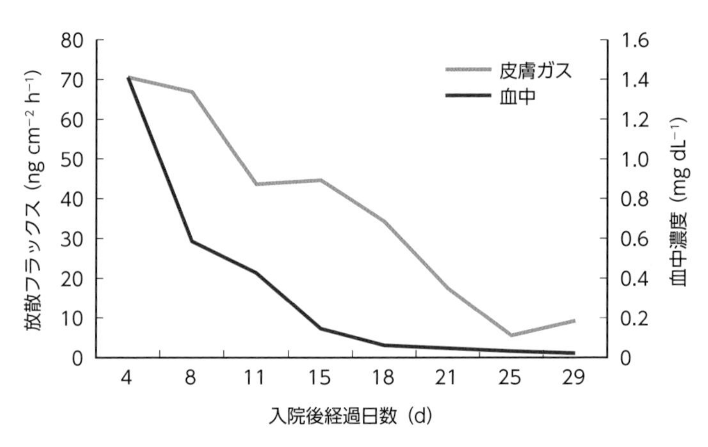

図 3.18　フェニトロチオンの血中濃度と皮膚放散量の関係
Umezawa et al.（2018）より引用改変。

皮膚ガス測定結果と一致した。急性薬物中毒の診断において，病歴は中毒の病因を特定するための最も有用な情報源であるが，故意に摂取した後の病歴はしばしば信頼性に欠けることが指摘されている（Gummin et al. 2020）。農薬中毒患者の皮膚ガス測定は，非侵襲・非観血的に中毒症状の原因を特定する有用なツールになり得る。

3.7 肝障害のモニタリング

食事に含まれるタンパク質やアミノ酸は，腸管内でアンモニアに分解され，肝臓に送られる。アンモニアはヒトに対する毒性が高いため，肝臓のオルニチン回路（尿素回路）において大部分は尿素に変換され，この尿素は腎臓を通じて尿中に排出される（2.3 節参照）。しかしながら，肝臓の機能が低下すると，アンモニアの解毒作用が低下するため，血中アンモニア濃度が増加し，これが脳に達すると肝性脳症の原因にもなる。

東海大学医学部付属病院に入院したアルコール性肝障害患者 1 人（女性, 40 代）を対象に，皮膚から放散するアンモニアを継続的に測定した。PFS は左前胸部にサージカルテープで固定し，捕集時間は 1 時間とした。また，可能な限り，血中アンモニア濃度も測定した。本症例では，人工透析によりアンモニアの血中濃度は一時的に低下して，基準範囲（40～80 μg dL^{-1}）となったが，入院 70 日経過後より容態が悪化して血中濃度も増加し，95 日目には死に至った。この間，アンモニアの皮膚放散量は血中濃度に追随して増減し，血中濃度の変化を反映した（**図 3.19**）。

注目すべきは，この間の血中濃度の変動幅に対して，皮膚放散量の変動幅の方が大きいという点である。血中濃度は 39～132 μg dL^{-1} の範囲で変化し，最大値は最小値の約 4 倍であったのに対して，皮膚放散量は 33～543 ng cm^{-1} h^{-1} の範囲で変化し，最大値は最小値の約 16 倍となった。すなわち，皮膚放散量は血中濃度よりも感度が高く，患者の状態に対してより鋭敏に応答したといえる。血液中のアンモニアは，アンモニウムイオン（NH_4^+）と分子状のアンモニア（NH_3）の形で存在し，その存在比率はおよそ 98：2 である（2.3 節参照）。皮膚から放散するのは NH_3 の方であり，両者の存在比率のわずかな変化も反映し，より鋭敏

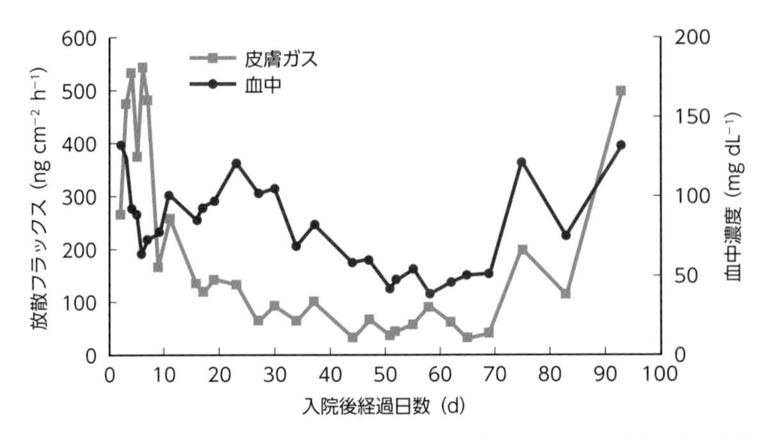

図3.19 肝障害患者におけるアンモニアの皮膚放散量および血中濃度の経時変化
女性, 40代, 皮膚ガス捕集：左前胸部にて1時間。関根ら (2017) より引用改変。

に応答するものと考えられる。

重症患者の場合, 血液検査は身体的負担が非常に大きい。非侵襲的な皮膚ガス検査により代替できれば, 患者に対する身体的負担が大幅に軽減できる。

コラム 肝臓の声？

アルコール性肝障害は, 一般に飲酒量が多いほど, また飲酒期間も長いほど進行しやすい。ただし, 若くても肝硬変になったり, 女性の中には比較的少ない飲酒量で短期間に肝硬変になったりする場合があり, 個人差や性差が大きい。酒好きの大学生がいつものようにお酒を飲んで楽しんでいる時に皮膚アンモニアを測定してみると, 飲酒前に比べて放散量がまったく変化しない人と, 右肩上がりで増加している人に分かれた。後者の場合, 本人の自覚はなくても肝臓が疲れている可能性が考えられる。肝臓は病気になっても自覚症状が出にくいため「沈黙の臓器」とも呼ばれるが, 皮膚ガスを通じてメッセージを送っているのかもしれない。

3.8 熱中症の予防

夏の「異常な猛暑」が, ここ数年普通に感じられるようになってきた。現在, 地球全体の気温が上昇する傾向にあり, これは人間活動によって排出された温室効果ガスの増加が主な原因と考えられている。日本の年平均気温も 1898～2014 年の間で，100 年当たり約 1.15 ℃の割合で上昇しており，今後もある程度の気温上昇は避けられないだろう。私たちは，温室効果ガスを減らす緩和策（mitigation）とともに，暑くなる環境への適応策（adaptation）にも取り組む必要がある。

温度や湿度はヒトの快・不快感に強く影響する。不快指数は米国の気象台で開発された指標であり，温度 T（℃）と相対湿度 RH（%）から求めることができる。

$$\text{不快指数} = 0.81T + 0.01RH(0.99T - 14.3) + 46.3$$

図 3.20 は，3 階建ての木造家屋の各階に被験者 3 人が 1 時間ずつ滞在した時の皮膚アンモニア放散量を調べた結果である。この家屋の各階は，構造上，温湿度が顕著に異なり，試験時における不快指数は，1 階＞2 階＞3 階の順であり，いずれもやや不快に感じるレベルであった。皮膚アンモニア放散量は，同様に 1 階＞2 階＞3 階の順となり，温・湿度差による快・不快感を反映していると考えられた。

暑熱による健康影響として，熱中症の問題がある。熱中症は熱失神，熱けいれん，熱疲労，熱射病などの暑熱障害の総称であり，脱水による体温上昇と臓器血流低下によって多臓器不全を引き起こす状態である。具体的には，めまい，頭痛，吐

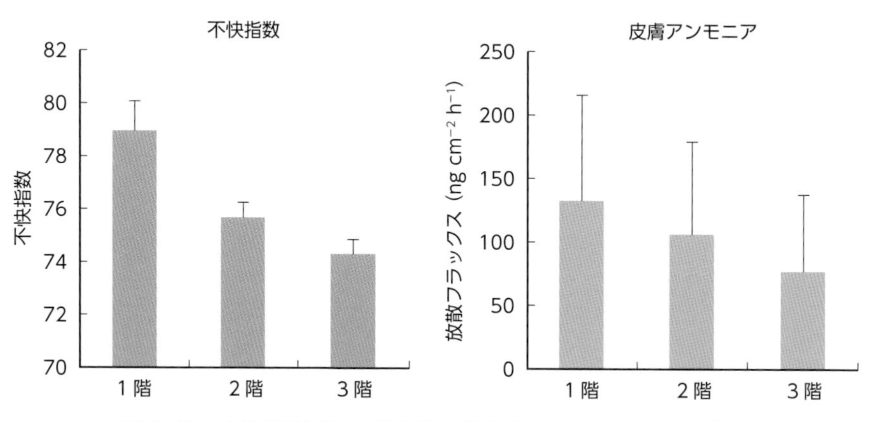

図 3.20 木造家屋各階の不快指数と滞在者のアンモニア皮膚放散量
被験者 3 人，皮膚ガス捕集：前腕部にて 1 時間。エラーバー：標準偏差。

気，強い眠気，気分が悪くなる，体温の異常な上昇，異常な発汗，失神などの症状が現れる。熱中症を予防するには，暑熱ストレスをなるべく減らす必要があり，室内ではエアコンを使用するなどして適正な温度（28℃を目安）に保つことが推奨される。屋外の場合は，炎天下で長時間日光に曝されるのは非常に危険である。筆者は川崎市と共同で，夏季晴天時に歩道を歩く際に，①日なたを歩行する時，②街路樹の緑陰を歩行する時，③日傘をさして日なたを歩行する時に皮膚ガスに現れる影響について調査した（**図3.21**）。試験は同一被験者（計7人）を対象に，異なる日時に実施した。歩行時間は20分とした。歩行開始時の外気温，相対湿度，風速は**表3.4**の通りであり，日なた歩行時と緑陰歩行時は同等の気象条件，日なた＋日傘歩行時は他の場合より若干厳しい暑熱環境であった。

被験者7人の歩行前後に測定した皮膚ガス放散量から，増減率を求めて比較した（**図3.22**）。疲労臭の原因となるアンモニアは，歩行後にいずれの条件も増加したが，日なた歩行時が最も増加率が高く，次いで緑陰歩行時，日なた＋日傘歩行時の順であった。歩行距離や歩行時間はどの条件もほぼ同じであるため，緑陰

図3.21　夏季晴天時の歩行試験

表3.4　歩行試験における歩行開始時の気象条件

	日なた歩行	緑陰歩行	日なた＋日傘歩行
外気温（℃）	31.9	31.4	33.5
相対湿度（%）	65	68	56
風速（ms^{-1}）	6.2	5.1	2.6

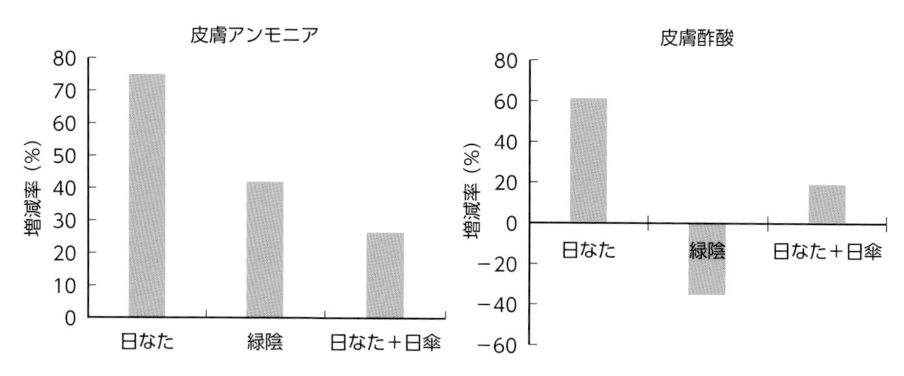

図 3.22　歩行試験におけるアンモニアおよび酢酸の皮膚放散量の増減
被験者 7 人，皮膚ガス捕集：建屋屋内において前腕部にて 1 時間。

や日傘による暑熱ストレスの緩和が皮膚アンモニアの増加を抑制した可能性が考えられる。一方，発汗のバイオマーカーである酢酸は，緑陰歩行した後，すべての被験者において減少する傾向を示した。また，日なたを歩いた場合でも，日傘を使用することにより過度の発汗を抑制できることがわかった。すなわち，街路樹が整備された歩道ではその緑陰を歩行することにより，あるいは日傘を使用して直射日射をできるだけ避けることにより，歩行者の暑熱ストレスが軽減されることが皮膚ガス測定によっても示された。

熱中症の病態と発汗には密接な関係がある。軽度の熱中症（熱失神，熱けいれん）では正常な発汗があり，大量に発汗することもある。しかし，熱疲労になると脱水の影響で発汗量は減少し，熱射病に至ると発汗が停止し，身体は高温状態に陥る。このような暑熱障害の段階的な変化を，酢酸などの皮膚ガスマーカーを用いてモニタリングできれば，熱中症の早期発見と対策に有用であろう。

3.9　化学物質の曝露評価

ヒトバイオモニタリング（human biomonitoring, HBM）は，生体試料中の化学物質およびその代謝物の測定と定義され（Boogaard et al. 2012），職域における化学物質の曝露評価や水銀などの蓄積性化学物質の曝露評価に利用されている。HBM は一人ひとりの曝露濃度や行動様式，呼吸量などの生理的条件の違いを反映した総摂取量を対象とし，また個人の化学物質に対する感受性（代謝能力，クリアランス能力など）を反映した物理量として求めることができると考えられている。

HBM 測定値＝総摂取量×感受性

化学物質の曝露経路には，吸入曝露，経口曝露および経皮曝露があり，これまで，体内への摂取量はこれら経路別の曝露量の和と考えられてきた。しかしながら，吸入・経口曝露経路が支配的な場合には，皮膚自体が摂取された化学物質の排出経路になる（**図 3.23**）。これまで HBM の生体試料としては，血液，尿，毛髪，唾液，呼気などが利用されてきたが，前述のように，外因性の化学物質も皮膚ガスとして放散されることから，皮膚ガスも HBM に利用できる可能性がある。

トルエンは，石油を原料に人工的に合成される化学物質であり，さまざまな化学工業製品の原料，塗料やインキの溶剤として幅広く利用されている。ヒトに対しては麻酔作用があるほか，聴覚などの神経系への影響が知られており，日本では毒物及び劇物取締法により劇物に指定されている。また，頭痛，だるさ，嘔吐などの症状があればトルエン中毒が疑われる（いわゆるシンナー中毒）。トルエンは，常温・常圧では液体であるが，高い揮発性を有していることから，環境中では主にガスとして存在し，呼吸に伴って体内に侵入する。そこで，健常被験者10人を対象として，化学実験室に1時間滞在した時の皮膚トルエン放散量を前

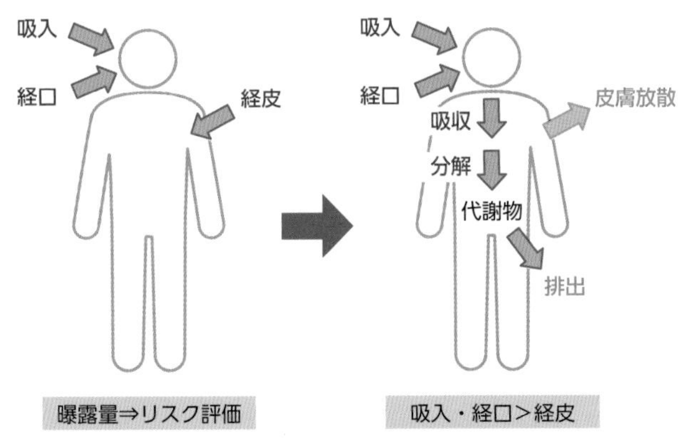

図 3.23 外因性化学物質の皮膚からの放散

腕部にて測定した（Sekine et al. 2019）。この実験室では溶媒としてトルエンが使用されており，室内空気中のトルエン濃度は 1.5 mg m^{-3} であった。通常，このような有機溶剤を使用する実験室では，保護具の着用が推奨される。そこで，N95 高性能マスク（活性炭入り）の着用の有無による皮膚放散量への影響を調べたところ，N95 高性能マスクを着用しなかった場合，すべての被験者からトルエンが検出され，皮膚放散量は 47 ± 43 ng cm^{-2} h^{-1} となった。一方，N95 高性能マスクを着用した場合，10 人中 7 人は不検出となり，放散量は有意に減少した（$p < 0.005$）。このことから，トルエンの吸入曝露は，トルエンの皮膚からの放散の原因になることがわかる。

次に，被験者 3 人を対象に，化学実験室に 1 時間滞在した後にトルエンを使用しない一般居室に移動してもらい，皮膚放散量の経時変化を調べた。その結果，トルエンの放散量は化学実験室滞在中に著しく増加し，その後は徐々に減少し，その半減期は 46 分となった。これは，トルエン曝露後の血中濃度の半減期（Löf et al. 1990）と同等であり，皮膚トルエンが血液由来で放散することを支持する。

体内に取り込まれたトルエンの 7～14％は呼気から排出され，80％は肝臓の酵素（シトクロム P450 アイソザイム，CYP2E1 など）によって代謝され，グリシン抱合を受けた後，尿から馬尿酸として排出される（Löf et al. 1993）（**図 3.24**）。これまで残りの約 10％の運命が不明であったが，空気中トルエンの摂取量および皮膚放散フラックスから推定される全身放散量を比較した結果，摂取したトルエンの 9.9％が皮膚から放散されると推定され，皮膚もトルエンの排出経路の一つであることがわかった。

2024 年 1 月の段階で，労働安全衛生法に基づき，トルエンを使用する作業者には尿中馬尿酸の検査が義務付けられている。本法の有用性は，改めて記す必要はないが，尿は間欠的に採取される生体試料であり，低濃度曝露では食品由来の

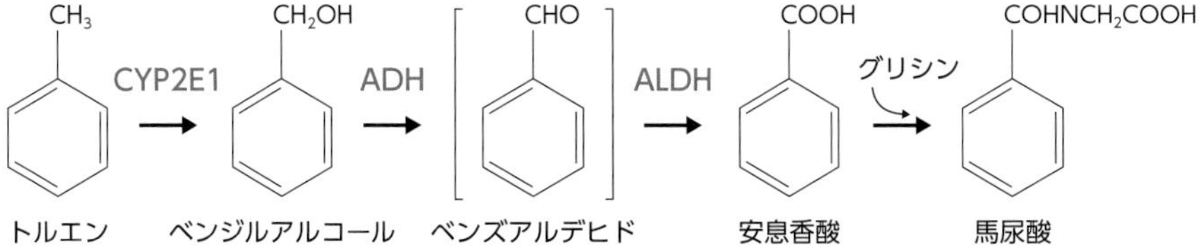

CH_3 (トルエン) —CYP2E1→ CH_2OH (ベンジルアルコール) —ADH→ [CHO (ベンズアルデヒド)] —ALDH→ $COOH$ (安息香酸) —グリシン→ $COHNCH_2COOH$ (馬尿酸)

図 3.24　トルエンの代謝経路

馬尿酸の影響を受けやすいと指摘されている（Greenberg 1997）。一方，皮膚トルエンは連続かつ簡便に採取可能であり，作業環境のみならず生活環境の室内濃度レベルにも応答性を示す。また，皮膚ガスの放散量は意図的に変えることができないため，測定方法の標準化も比較的容易である。トルエンの皮膚放散量には，トルエンに対する個人の感受性，すなわち吸収速度や代謝速度なども反映していると考えられ，尿中馬尿酸法の問題点を補う新たな HBM 法として応用できるであろう。

コラム　動物の皮膚ガス

先日，とある動物園でビントロングという珍しい動物を見た。インドネシアから連れてこられたジャコウネコの仲間で，なんとポップコーンの香りがするのだ。パブロフの犬ではないが，香りを嗅いだ途端，売店に走ったのは筆者だけだろうか。ヒト以外の動物にも体臭があり，その原因は皮膚ガスである。ただし，ヒトのように全身にエクリン汗腺が分布している動物は珍しい。汗だくのネコやイヌを見ないのはそのためである。動物における皮膚ガス利用はすでに検討されており，美味しい和牛や美味しい豚を生きているうちに見分けようとする試みもなされている。動物の皮膚ガス情報もまだ明かされていない宝の山に違いない。

第4章 皮膚ガスが拓く未来

この章では，皮膚ガスに関する研究によって開かれる新たな可能性について紹介する。

4.1　皮膚ガスによる個人認証

イヌは，ヒトの体臭を嗅ぎ分けることができる。そのメカニズムについて，分子レベルでの解明は未だ十分ではないが，少なくともヒトから放散する皮膚ガスの種類・量のパターンに個人差が存在し（**図 4.1**），その違いをイヌが感知していると考えられる。

皮膚ガスは，遺伝情報に基づいて発現したメタボローム（metabolome）*1) の

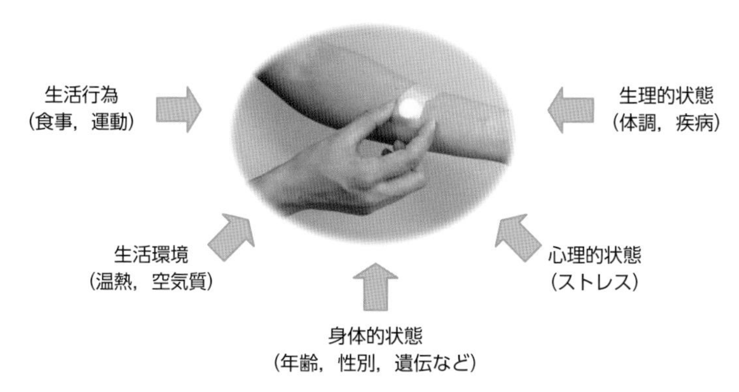

図 4.1　皮膚ガス組成に及ぼすさまざまな要因

---

*1)：英語の「代謝物（metabolite）」と，ギリシャ語の「すべて」を意味する“-ome”を合成した言葉で，「代謝物の総体」を指す。

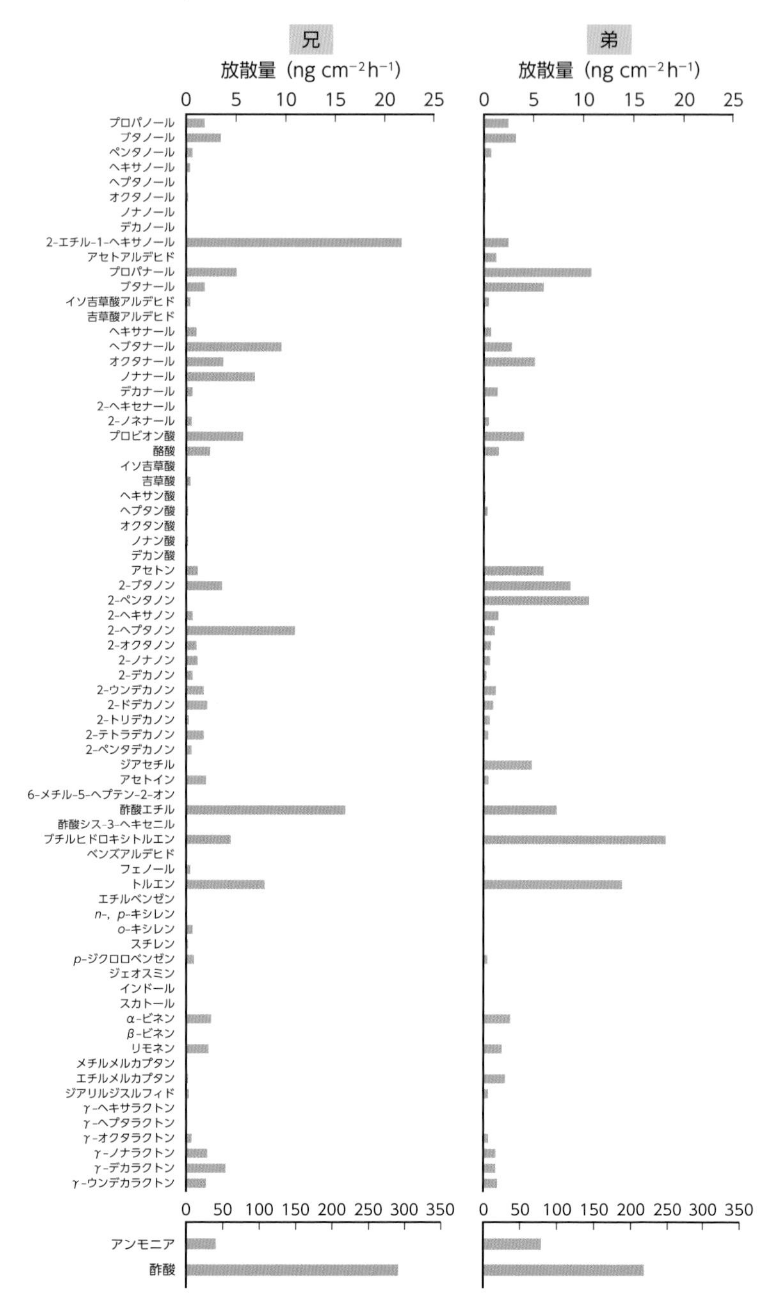

図 4.2　高校生の双子の兄弟の皮膚ガス組成の比較
皮膚ガス捕集：同日の起床後に前腕部で 1 時間。

うち，揮発性を有する代謝物という側面をもつが，実際にはその組成はさまざまな要因によって影響を受けている。たとえば，高校生の双子の兄弟（一卵性）を対象に皮膚ガス測定を行ったところ，**図 4.2** に示すように皮膚ガス組成にはやはり相違がみられた。同年代の他の被験者 4 人（男性 2 人，女性 2 人）のデータと合わせてその類似性を解析したところ，確かに他の被験者に比べれば双子兄弟間の類似性は高いが，それは女性 2 人の間の類似性と同程度であった。遺伝情報は，皮膚ガス組成に影響するが，実際の生活においては他の要因の影響を強く受けていることが示唆される。

また，同一人物であっても，1 日の中で皮膚ガス組成は時々刻々と変化しており，食事をした後にはエネルギー基質の代謝物の皮膚放散量が食事の内容や量によって変化し，仕事で緊張する場面に遭遇した場合，あるいはそのストレスが回避された時にストレスに関連する皮膚ガス成分は変化する。さらに，入浴することによって加齢臭の原因である 2-ノネナールの放散量は一時的に減少する。しかしながら，このような 1 日の中の変動（日内変動）は，個人間の差を上回るものではない。

健常な被験者 6 人（男性 5 人，女性 1 人；A ～ F）を対象に，初日，2 日目，6 日目，10 日目および 17 日目の起床直後と就寝前の計 10 回，皮膚ガス測定を行った。**図 4.3** は，被験者 A の皮膚ガス組成の例であるが，日々の変動が大きいことがわかる。

しかしながら，この被験者 6 人分のデータを判別分析 *2) にかけると，**図 4.4** に示すように，各人 10 個のプロットはそれぞれ塊をなし，一人ひとりの領域が形成された。少なくとも 2 週間程度では，皮膚ガス組成の日をまたいだ変動（日間変動）は，個人差を上回るものではない。すなわち，警察犬が犯罪者や行方不明になった人を数日経っても探し出せるのは，皮膚ガス組成がその人の個性といえるほど，人によって異なるからである。

このことは，指紋や虹彩などと同様に，皮膚ガス組成が生体の個人認証（バイオメトリクス）に利用できることを示すものである。たとえば将来，携帯電話や

---

*2)：データ群をある基準によって二つ以上の集団に分ける手法であり，分ける時の基準となる境界線を求める。

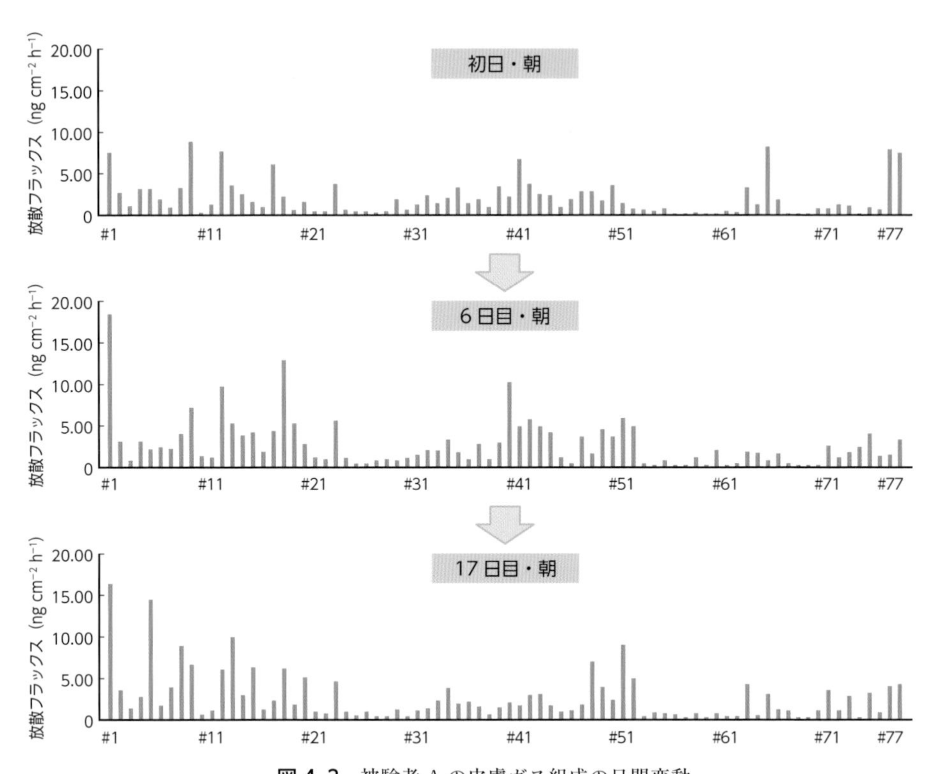

図 4.3　被験者 A の皮膚ガス組成の日間変動

皮膚ガス捕集：前腕部にて 1 時間。#1 ～ #78 は皮膚ガス成分を表す。

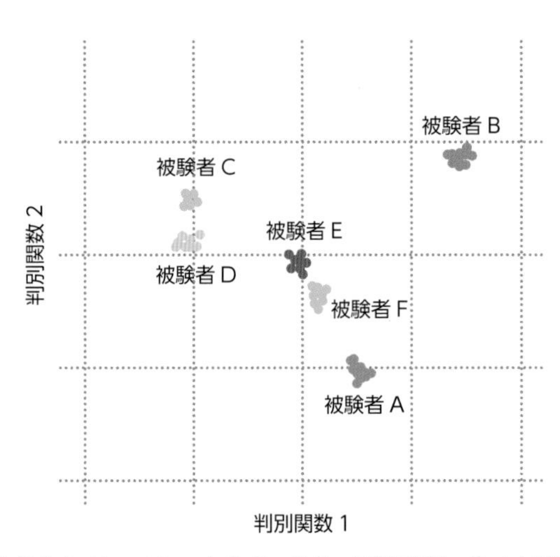

図 4.4　被験者 6 人（A ～ F）の皮膚ガス組成の日間変動に基づく判別分析の結果

ウェアラブルデバイスに触れるだけで皮膚ガスが認識され，ログインできるようになるかもしれない。さらに，皮膚ガス組成の変動を学習・解析する機能をもたせれば，ストレス蓄積の検知，疾病の早期発見などが可能になるだろう。

4.2　未知の病態の解明

自分の体臭が普段と違ってくさく感じる時，病気かもしれないと思って病院に行っても診断がつかなかった，という経験はないだろうか。あるいは，そもそもどの診療科に行くべきかわからないかもしれない。現状，体臭そのものは多くの場合，病気とはみなされない。しかしながら，非常にまれな病気がいくつか知られている。

イソ吉草酸血症は，アミノ酸の一種・ロイシンの代謝異常を原因とする疾患であり，多くは新生児期に哺乳不良や嘔吐，意識障害で発症し，指定難病の一つとなっている。イソ吉草酸は，汗臭（2.4 節参照）の原因物質であり，「足の蒸れたような」「汗くさい」体臭を呈する。日本での罹患頻度は約 50 万出生に 1 人と推定されている（難病情報センター 2023）。

トリメチルアミン尿症は，食物を消化分解した際に発生したトリメチルアミンが分解されず，呼気や尿，汗などから排出されてしまう疾患である。生魚のようなにおいがあるため，魚臭症（ぎょしゅうしょう）とも呼ばれる。トリメチルアミンを分解するフラビン含有モノオキシゲナーゼ（flavin-containing monooxygenase, FMO）が先天的に欠如あるいは低活性の人に発症する。また，後天的には肝機能の低下によっても生じることがあるようである。根本的な治療法は，未だ見出されていない。

一方，未だ病態としては認められていない現象または症状がある。体臭はヒトの快・不快感に影響することはあるが，ヒトに対して有害な健康影響を与える可能性についてはこれまで検討されてこなかった。しかし近年，自分の皮膚ガス（体臭）によって周囲のヒトがくしゃみや咳などアレルギー様症状を発症すると主訴する人たちが存在することがわかってきた（**図 4.5**）。このような現象または症状は people allergic to me（PATM）と呼ばれるが（わが国では「パトム」と呼称される），この用語は病名ではなくネットスラングである。

ソーシャルネットワーキングサービス（SNS）上には PATM に関する複数の

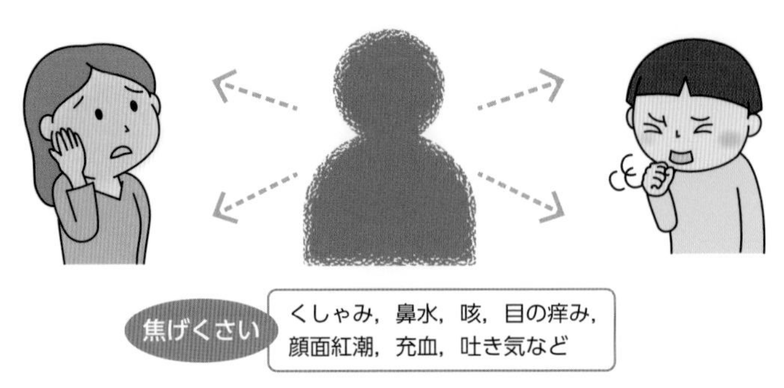

図 4.5　自分の体臭によって周囲のヒトにアレルギー様症状が起こる？

コミュニティーサイトが存在し，PATM を主訴する人（便宜上，PATM 患者とする）たちの間では，自身の症状，周りの人の反応，症状の緩和策，PATM に関する客観的な考察などについて盛んに意見が交換されている。従来から体臭に関する症状として精神科領域の自臭症 *3) が知られているが，PATM は周囲のヒトに影響が現れる点で自臭症とは異なる。SNS 上のコメントによれば，世界中では潜在的に数千人規模の PATM 患者がいるといわれているが，そもそも病態が整理されておらず，診断基準も定まっていないことから，その実態はまったく不明である。ただし，現実に PATM と呼ばれる現象または症状によって，退職・離職を余儀なくされるなど社会生活に支障をきたしている人が多く存在することは事実である。

そこで，PATM 患者 20 人と PATM を主訴しない人（便宜上健常者とする）24 人の皮膚ガスを測定して比較したところ，いくつかのガスの皮膚放散量に大きな違いがみられた（Sekine et al. 2023）。PATM 患者群ではトルエンやキシレンなどの人工化学物質，腐ったキャベツのような臭気を発するメチルメルカプタンなどの含硫黄化合物，さらに他者に不安効果を与えるヘキサナール（Inagaki et al. 2014）のような成分の放散が多く，逆に芳香を有する γ-ラクトンのような皮膚ガス成分の放散は少ないことがわかった。

現時点で PATM 患者の特徴的な皮膚ガス組成を説明するメカニズムの提示は

---

*3)：原因となる病気がない，あるいは周囲が気になるにおいがないにもかかわらず，自分は周りの人から嫌悪感をいだかれるほどのにおいを発していると思い悩んでしまう病気。

困難である。しかし，トルエンとその代謝物であるベンズアルデヒドの比率は，PATM 患者群と健常者群では有意に異なり，PATM 患者はトルエンのような化学物質の分解能力が弱くなっている可能性が考えられる（3.9 節参照）。また，ヘキサナールは皮脂の酸化生成物であり，その放散には酸化ストレスが関与すると考えられ，「焦げくさい」においの原因物質の一つかもしれない。これらの発見は，PATM にさらなる研究の価値があり，まだ医学的に解明されていない現象または症状として学際的かつ客観的なアプローチが必要であることを示唆するものである。

これまで「気のせい」「そのうち治るよ」で済まされてきた体臭に関わる未知の病態が，今後は皮膚ガス情報の活用によって解明されていくであろう。

4.3 皮膚ガスで感情を伝える

皮膚ガスは体臭の原因であると同時に，化学信号として親族の認識，配偶者の選択，生殖時期の検知などに関与している可能性がある。たとえば，γ-ラクトンはモモの香りの主成分であり，10〜20 代の若年女性から特徴的に多く放散され，また，女性ホルモンの分泌量に関連することから，異性との嗅覚を介したコミュニケーションに関与する可能性がある（2.7 節参照）。ヒトは情緒的な生き物であり，喜び，怒り，悲しみ，恐怖などの感情を伴いながら日常生活を送っている。感情は自律神経活動に強く関連しており，この自律神経の活動は皮膚からのアンモニア放散に影響する（3.1 節参照）。なお，感情は本人の主観的なものであり，その状態は本人の主訴に基づくものであるが，客観的に評価できる生理学・生化学な側面を情動という。皮膚ガス研究によってアプローチするのはこの情動である。

近年，複数の研究により，ヒトの体臭は感情に応じて変化し，嗅覚を介して他者にその感情が伝播する可能性があると報告されている。たとえば，不安や恐怖を感じた人の体臭に曝露すると自身の不安が増大し，表情や印象などの変化を通じて社会的なコミュニケーションに影響を及ぼす可能性が指摘されている（de Groot et al. 2015）。Quintana ら（2019）は，不安や恐怖を感じた男性被験者の腋窩から汗を採取し，女性被験者に曝露したところ不安感が高まり，男性に対する不信感が高まったと報告している。Uebi ら (2019) は，新生児が自発的に放出しているにおいは，ごく初期の親子関係を取りもつ化学信号であると考え，頭皮のにおいを化学的・感覚官能的に評価している。さらに，喜びまたは不安を感じたヒトの体臭は，イヌの行動を変容させると報告されており (D'Aniello et al. 2018)，体臭は，種内のみならず種間においても感情を伝播する化学信号として作用する可能性が提示されている。これら心理学領域の試験において，ヒトの体臭は感情に応じて変化し，嗅覚を介して他者にその感情が伝播する事例が複数報告されているが，具体的にどのような化学成分が発生し，伝達されるかは明らかではない。

もし，ヒトの感情を反映する皮膚ガス成分が見出せれば，さまざまな場面での利用が考えられるが，それは読者の豊かな想像力に委ねたい。たとえば筆者は，疾病や高齢により寝たきりになってしまい，家族や友人，医師や看護師などとコミュニケーションができなくなってしまった人たちとの意思疎通に役立てたいと思っている。あらゆる人の生活の質 (quality of life, QOL) の向上に，皮膚ガス情報は生かせるはずである。皮膚ガス研究によって新たな科学の扉はもう開かれている。今後この分野に多くの英知が結集することを望む。

第1章　皮膚ガスは体臭のもと

Glusman, G. et al. (2001). *Genome Res*, **11**(5), 685–702.
Goodavage, M. & Miyashita, M. (2020). *Aroma Res*, **21**(4), 397–399.
Hirotsu, T. et al. (2015). *PLoS One*, **10**(3), e0118699.
Iitani, K. et al. (2020). *ACS Sens*, **5**(2), 338–345.
Ikeda, S. et al. (2022). *Results Chem*, **4**, 100502.
Mitra, A. et al. (2022). *Metabolites*, **12**(9), 824.
Naitoh, K. et al. (2002). *Instr Sci Tec*, **30**(3), 267–280.
Nalbant, A. A. & Boyaci, E. (2019). *Separations*, **6**(4), 52.
Nose, K. et al. (2005). *Anal Sci*, **21**(12), 1471–1474.
Sekine, Y. et al. (2007). *J Chromatogr B: Biomed Sci Appl*, **859**(2), 201–207.
Sekine, Y. et al. (2023). *Sci Rep*, **13**, 9471.
Tsushima, S. et al. (2018). *Indoor Air*, **28**(1), 146–163.
浅見麻紀・松永和人 (2019). 日内会誌, **108**(6), 1134–1140.
伊藤雄馬 (2023). *Kotoba*, **52**, 35–41.
篠原一之・西谷正太 (2012). 日香粧品誌 A, **36**(4), 303–309.
シービック(2023). 脱マスクによるニオイ意識の変化(23年3月20日以降, 男女287人). https://real-press.com/2023/05/02/datsu-mask-binkanhana/ (2023年12月13日閲覧)
中村祐子ほか (2014). 室内環境, **17**(1), 1–9.
松木秀明 (2023). 室内環境の事典 (室内環境学会編), pp.2–3, 朝倉書店.

第2章　体臭の傾向と対策

Baumann, T. et al. (2014). *Exp Dermatol*, **23**(4), 247–252.
den Besten, G. et al. (2015). *Diabetes*, **64**(7), 2398–2408.
Furukawa, S. et al. (2017). *J Chromatogr B: Biomed Sci Appl*, **1053**, 60–64.
Gordon, S. G. et al. (1973). *J Lipid Res*, **14**(4), 495–503.
Gower, D. B. et al. (1981). The Biosynthesis and Occurrence of 16–Androstenes in Man. *in:* Fotherby, K. & Pal, S. B. eds., *Hormones in Normal and Abnormal Human Tissues*, Walter de Gruyter.
Hansanugrum, A. & Barringer, A. (2010). *J Food Sci*, **75**(6), C549–C558.
Haze, S. et al. (2001). *J Invest Derm*, **116**(4), 520–524.
Huss, J. M. et al. (2004). *Mol Cell Biol*, **24**(20), 9079–9091.
Kimura, K. et al. (2016). *J Japan Assoc Odor Environ*, **47**(6), 421–429.

Labows, J. N. et al. (1979). *Appl Environ Microb*, **38**(3), 412-415.
Mochalski, P. et al. (2015). *Trends Anal Chem*, **68**, 88-106.
Nose, K, et al. (2005). *Anal Sci*, **21**(12), 1471-1474.
Oliveira-Pinto, A. V. et al. (2014). *Plos One*, **9**(11), e111733.
Poran, N. S. (1995). *Adv Biosci*, **93**, 555-560.
Porro, M. N. et al. (1979). *J Invest Derm*, **73**(1), 112-117.
Sato, S. et al. (2020). *Sci Rep*, **10**(465), 1-9.
Sekine, Y. et al. (2018). *J Chromatogr B: Biomed Sci Appl*, **1092**, 394-401.
Sekine, Y. et al. (2020). *J Japan Assoc Odor Environ*, **51**(6), 338-345.
Sekine, Y. et al. (2023). *Appl Sci*, **13**(6), 3930.
Wang, N. et al. (2022). *Environ Sci Tech*, **56**(8), 4838-4484.
Willems, M. E. T. et al. (2021). *J Diet Suppl*, **19**(5), 603-620.
Yokokawa, T. et al. (2018). *Fukushima J Med Sci*, **64**(2), 60-63.
麻生武志・内山成人 (2012). 日女性医会誌, **20**(2), 313-332.
梅澤郁夫ほか (2023). 第36回におい・かおり環境学会講演要旨集, 48-49.
各務佑哉 (2018). 高砂香料時報, **182**, 11-15.
藏澄美仁ほか (1994). 日生気誌, **31**(1), 5-29.
五味常明 (2011). 気になる口臭・体臭・加齢臭, pp.145-147, 旬報社.
島田未来ほか (2016). 室内環境学会学術大会講演要旨集平成28年, 68-69.
菅屋潤壹 (2017). 汗はすごい, ちくま新書, 筑摩書房.
菅屋潤壹ほか (1981). 日生気誌, **18**(2), 72-79.
関根嘉香 (2017). 臨環境医, **25**(2), 69-75.
高橋万葉ほか (2013). 室内環境, **16**(1), 15-22.
東京ガス (2004). 朝シャワーの体臭予防効果, ～朝1分シャワーを浴びれば, 体臭予防につながる～. https://www.tokyo-gas.co.jp/Press/20070814-02.html (2023年12月13日閲覧)
能勢　博 (2007). インターバル速歩で生涯青春！まだまだどんとこい熟年！, pp.22-25, 熟年体育大学リサーチセンター.
八田秀雄 (2001). 乳酸を活かしたスポーツトレーニング, pp.136-138, 講談社.
原　裕司ほか (1998). 岐阜大農研報, **63**, 145-151.
平山匡男・松本　均 (2001). 食品工業, **44**(24), 61-72.
マンダム (2020). 男の体臭を科学する 男のにおい総研：専門家に聞きました Interview 05 皮膚ガスで体のニオイ（体臭）を研究する. https://m-age.jp/smell/management/specialist/interview_05.html (2023年12月13日閲覧)
村松真歩ほか (2022). 2022年室内環境学会学術大会講演要旨集, 62-63.
望月佑次 (2018). *Fragr J*, **46**(3), 66-66.
渡辺明治・佐伯武頼 (1995). 医科アンモニア学, pp. 92-93, メディカルレビュー.

第3章　皮膚ガスを情報として活用する

Boogaard, P. J. et al. (2012). *Intern J Hyg Environ Health*, **215**(2), 238-241.
Fuchs, P. et al. (2010). *Intern J Cancer*, **126**(11), 2663-2670.
Greenberg, M. M. (1997). *Environ Res*, **72**(1), 1-7.
Gummin, D. G. et al. (2020). *Clin Toxicol*, **58**(12), 1360-1541.
Hirotsu, T. et al. (2015). *PLoS One*, **10**, e0118699.
Kimura, K. et al. (2016). *J Japan Assoc Odor Environ*, **47**(6), 421-429.
Lee, D. K. et al. (2018). *ACS Cent Sci*, **4**(8), 1037-1044.
Löf, A. et al. (1990). *Pharmacol Toxicol*, **66**(2), 138-141.
Löf, A. et al. (1993). *British J Ind Med*, **50**(1), 55-59.
Sekine, Y. et al. (2019). *J Skin Stem Cell*, **6**(1), e93392.
Seyle, H. (1950). *British Med J*, **1**, 1383-1392.
Shirasu, M. et al. (2009). *Biosci Biotechnol Biochem*, **73**(9), 2117-2020.
Takeda, K. (1966). *Dermatologica et urologica*, **20**(2), 129-136.
Umezawa, K. et al. (2018). *Rinsho Byori*, **66**(9), 949-956.
Willis, C. M. et al. (2004). *British Med J*, **329**(7468), 712.
Yamagishi, K. et al. (2012). *Gut*, **61**(4), 554-561.
川本英嗣ほか (2022). 第50回日本救急医学会総会・学術集会抄録, O083-1, 798.
国立がん研究センター (2022). がん種別統計情報：膵臓. https://ganjoho.jp/reg_stat/statistics/stat/cancer/10_pancreas.html (2023年12月13日閲覧)
坂田成輝ほか (1999). 教育心理学研究, **47**, 335-345.
関根嘉香ほか (2017). 空気清浄, **48**(6), 410-417.
関根嘉香ほか (2018). *Fragr J*, **46**(9), 19-25.
福嶋和真ほか (2021). 2021年室内環境学会学術大会講演要旨集, 304-307.
横内光子 (2007). 日集中医誌, **14**(4), 555-561.

第4章　皮膚ガスが拓く未来

D'Aniello B. et al. (2018). *Anim Cong*, **21**, 67-78.
de Groot, J. H. B. et al. (2015). *Psychol Sci*, **26**, 684-700.
Inagaki, H. et al. (2014). *Proc Natl Acad Sci U S A*, **111**(52), 18751-18756.
Quintana, P. et al. (2019). *Chem Senses*, **44**(9), 683-692.
Sekine, Y. et al. (2023). *Sci Rep*, **13**, 9471.
Uebi, Y. et al. (2019). *Sci Rep*, **9**(1), 12759.
難病情報センター (2023). イソ吉草酸血症（指定難病247). https://www.nanbyou.or.jp/entry/4816(2023年12月13日閲覧)

索引

■欧 文

■あ 行

■か 行

■さ 行

著者略歴

関根 嘉香（せきね よしか）

1966年　東京都に生まれる
1991年　慶應義塾大学大学院理工学研究科修了
1991年　日立化成株式会社筑波開発研究所　研究員
2000年　東海大学理学部化学科　講師
現　在　東海大学理学部化学科　教授
　　　　慶應義塾大学大学院政策・メディア研究科　非常勤講師
　　　　神奈川県立保健福祉大学　講座担当講師
　　　　博士（理学）
編著書　『室内環境の事典』（朝倉書店）
　　　　『品質管理の統計学』（オーム社）
　　　　『住まいの化学物質』（東京電機大学出版局）など

皮膚ガスのはなし
—体臭は心と体のメッセージ—

定価はカバーに表示

2024年5月1日　初版第1刷
2024年8月1日　　　第2刷

著　者　関　根　嘉　香
発行者　朝　倉　誠　造
発行所　株式会社　朝　倉　書　店

東京都新宿区新小川町 6-29
郵 便 番 号　162-8707
電　話　03(3260)0141
F A X　03(3260)0180
https://www.asakura.co.jp

〈検印省略〉

シナノ印刷・渡辺製本

ISBN 978-4-254-10305-2　C 3040

Printed in Japan

からだと温度の事典

彼末 一之 (監修)

B5 判／640 頁　978-4-254-30102-1 C3547　定価 22,000 円（本体 20,000 円＋税）

ヒトのからだと温度との関係を, 基礎医学, 臨床医学, 予防医学, 衣, 食, 住, 労働, 運動, 気象と地理, など多様な側面から考察し, 興味深く読み進めながら, 総合的な理解が得られるようにまとめられたもの. 気温・輻射熱などの温熱環境因子, 性・年齢・既往歴・健康状態などの個体因子, 衣服・運動・労働などの日常生活活動因子, 病原性微生物・昆虫・植物・動物など生態系の因子, 室内気候・空調・屋上緑化・地下街・街路などの建築・都市工学的因子など幅広いテーマを収録.

からだの年齢事典

鈴木 隆雄・衞藤 隆 (編)

B5 判／528 頁　978-4-254-30093-2 C3547　定価 17,600 円（本体 16,000 円＋税）

人間の「発育・発達」「成熟・安定」「加齢・老化」の程度・様相を, 人体の部位別に整理して解説することで, 人間の身体および心を斬新な角度から見直した事典. 「骨年齢」「血管年齢」などの, 医学・健康科学やその関連領域で用いられている「年齢」概念およびその類似概念をなるべく取り入れて, 生体機能の程度から推定される「生物学的年齢」と「暦年齢」を比較考量することにより, ノーマル・エイジングの個体的・集団的諸相につき, 必要な知識が得られる成書.

食と味嗅覚の人間科学　味嗅覚の科学 ―人の受容体遺伝子から製品設計まで―

斉藤 幸子・小早川 達 (編)

A5 判／264 頁　978-4-254-10668-8 C3340　定価 4,950 円（本体 4,500 円＋税）

受容器・脳・認知それぞれのレベルでの味・においに関する基礎的研究から, 生涯発達, 健康・医療分野, 産業への応用まで解説. 〔内容〕知覚・認知／受容機構／神経伝達と脳機能／子供と高齢者の味覚・嗅覚／臭気環境／食品・香粧品産業

ニンニクの科学 復刊

齋藤 洋 (監修)

B5 判／284 頁　978-4-254-43132-2 C3061　定価 11,000 円（本体 10,000 円＋税）

《本書は『ニンニクの科学』（2000 年刊）を底本として刊行したものです》 滋養強壮で知られているニンニクは, 近年, 老化防止, がんの予防等, その効果が注目されている. 本書はニンニクをあらゆる面から解説したもの. 〔内容〕歴史／分類／栽培／化学／成分分析／吸収・排泄／治療と薬理／安全性／医薬品／食品

情動学シリーズ（全 10 巻）

小野武年 (シリーズ監修)

1. 情動の進化（10691, 3,520 円）
2. 情動の仕組みとその異常（10692, 4,070 円）
3. 情動と発達・教育（10693, 3,520 円）
4. 情動と意思決定（10694, 3,740 円）
5. 情動と運動（10695, 4,070 円）
6. 情動と呼吸（10696, 3,300 円）
7. 情動と食（10697, 4,620 円）
8. 情動とトラウマ（10698, 4,070 円）
9. 情動と犯罪（10699, 3,520 円）
10. 情動と言語・芸術（10700, 3,300 円）

A5 判, 176～264 頁　※ ISBN は「978-4-254-」を省略, 定価は税込